环境工程导论

主　编　曹文平　郭一飞

主　审　吕炳南

哈爾濱工業大學出版社

内容简介

本书较系统地介绍了环境工程、环境科学、环境科学与工程、环境生态工程等专业需要掌握的基本理论、污染防治技术和修复技术。全书共8章，第1章阐述了环境工程的由来、发展和前景；第2～6章分别介绍了污水处理、大气污染及其控制、固体废弃物处理与处置、物理性污染控制和土壤污染的防治；第7章介绍了生态修复工程技术；第8章阐述了环境法方面的内容。

本书可以作为应用型本科院校、高职院校、中职院校环境科学与工程、环境工程、环境科学、资源环境、生态环境等专业学生的教材，也可供相关领域的科技人员参考。

图书在版编目(CIP)数据

环境工程导论/曹文平，郭一飞主编. —哈尔滨：哈尔滨工业大学出版社，2017.8(2020.1 重印)
ISBN 978-7-5603-6718-7

Ⅰ.①环… Ⅱ.①曹…②郭… Ⅲ.①环境工程学
Ⅳ.①X5

中国版本图书馆 CIP 数据核字(2017)第148309号

策划编辑 王桂芝
责任编辑 郭 然
出版发行 哈尔滨工业大学出版社
社 址 哈尔滨市南岗区复华四道街10号 邮编 150006
传 真 0451-86414749
网 址 http://hitpress.hit.edu.cn
印 刷 黑龙江艺德印刷有限责任公司
开 本 787mm×1092mm 1/16 印张 10.25 字数 248千字
版 次 2017年8月第1版 2020年1月第2次印刷
书 号 ISBN 987-7-5603-6718-7
定 价 30.00元

前　言

环境工程导论是环境类相关专业的一门必修课程，主要介绍环境类相关专业领域的基础知识、基础理论、常见技术和设备等，包括水污染控制工程、大气污染控制工程、固体废弃物处理与处置、物理性污染控制工程和土壤污染控制工程等经典内容（污染种类、危害，防治措施，处理工艺及原理等）。随着社会发展和新型环境问题的凸显，本书还介绍了生态修复工程技术、环境保护法律等内容，以开拓学生思路。

目前，我国许多应用型本科高校、高职院校和中职学校等定位于服务地方经济社会发展，培养服务于地方的应用型人才。而目前相关教材过于深奥，实用性不强，学生学习效果普遍不佳。针对这些问题，本书秉承精简、实用、全面、易懂的理念，期望能全面提高学生的培养质量和实践动手能力。为了提高学生专业英语的学习效果和阅读外文资料的能力，本书将常用的专业名词（工艺方法、环境条件等）均标注了对应的专业英语词汇。本书可作为应用型本科院校、高职院校、中职院校等环境科学与工程、环境工程、环境科学、资源环境、生态环境等专业学生的教材，也可供相关领域的科技人员参考使用。

本共分 8 章：第 1 章阐述了环境工程的由来、发展和前景等内容；第 2～6 章分别介绍了水污染控制工程、大气污染控制工程、固体废弃物处理与处置、物理性污染控制工程、土壤污染控制工程等内容；第 7 章介绍了污染环境生态修复工程等方面的内容；第 8 章阐述了我国环境保护法律等方面的内容。

本书由徐州工程学院的曹文平和河南城建学院的郭一飞任主编，参加编写的还有徐州工程学院的张学杨、郭莉，河南城建学院的康海彦，湖北师范大学的王代芝和常州大学的张志军。具体编写分工如下：第 1、2、7 章由曹文平编写；第 3 章由张学杨编写；第 4 章由郭一飞和康海彦共同编写；第 5 章由王代芝编写；第 6 章由张志军编写；第 8 章由郭莉编写。全书由曹文平老师统稿、校对和修订。

哈尔滨工业大学吕炳南教授担任本书主审，就本书内容的取舍和编排提出了许多宝贵意见，为本书增色不少，编者在此深表感谢。徐州工程学院的项玮、汪银梅老师和 2014 级本科生唐可欣、殷红桂、唐子夏在本书的校对过程中做了很多工作，在此一并表示感谢。另外，在本书编写过程中，编者参阅了参考文献中所列的著作，在此对其作者表示感谢，而且本教材也引用了大量的网络资料（百度、中国环境保护网等），在此对这些未提及的作者也表示深深的感谢。

由于编者水平有限，本书内容涉及领域广泛，书中存在疏漏及不妥之处在所难免，敬请专家和广大读者批评指正。

编　者

2017 年 8 月

目　录

第1章 绪　论

1.1 环境与环境工程

环境(Environment)包括自然环境和社会环境,而在本书中所说的环境主要是指自然环境。环境是影响生物机体生命、发展与生存的所有外部条件的总体,其主要包括大气环境、水环境、土壤环境、生物环境等。

工业革命以来,尤其是20世纪50年代以来,随着人口数量的剧增、生活水平的不断提高和人类社会的进步,人类对环境资源的开发掠夺的强度和深度也日益增加,同时将大量的废物(废水、废弃物、废气和噪声等)排入环境,使生态环境遭受前所未有的破坏和干扰,从而产生了各种污染问题、自然灾害以及生态破坏。与此同时,污染的环境和失去平衡的生态反过来也给人类的生产生活带来了不便和危害,甚至是灾难。因此,环境问题引起了国际社会的广泛关注。

1972年在瑞典的斯德哥尔摩举行了世界第一次共同讨论当代环境问题的联合国人类环境会议,共有133个国家1 300多名代表参加。会议通过的《联合国人类环境会议宣言》和《行动计划》,宣告了人类对环境传统观念的终结,达成了"只有一个地球",人类与环境是不可分割的"共同体"的共识。这是人类对严重复杂的环境问题做出的一种清醒和理智的选择,是向采取共同行动保护环境迈出的第一步,是人类环境保护史上的第一座里程碑。1992年在巴西里约热内卢召开的联合国环境与发展大会和2002年在南非约翰内斯堡的世界可持续发展首脑会议上再次重申了人类对环境与发展的共同关心。

哥本哈根联合国气候变化大会于2009年12月7日至18日在丹麦首都哥本哈根召开,此次会议备受关注。来自192个国家的环境部长和其他官员们在哥本哈根召开联合国气候会议,这是继《京都议定书》后又一具有划时代意义的全球气候协议书,毫无疑问,将对地球今后的气候变化走向产生决定性的影响,这是一次被喻为"拯救人类的最后一次机会"的会议。

近几十年来,许多国家和地区都通过提高工程技术措施和完善法律法规以及提高人们环境保护意识,以应对环境污染和生态破坏。各国科技工作者也集中精力进行研究和实践,从而促进了环境科学与工程的兴起和发展。

环境工程(Environmental engineering)是运用工程技术和有关学科的原理,保护和合理利用自然资源,防治环境污染,以改善环境质量的学科。环境工程同污染生态学、环境生态学、环境卫生学、环境医学、环境物理学、环境化学和环境工程微生物学等有关。由于环境工程学科处在初始发展阶段，学科的领域还在扩展，但其核心是环境污染治理和污染环境修复。

1.2 环境工程的形成与发展

环境工程学科是人类在保护和改善生存环境、同污染做斗争的过程中逐步形成的，这是一门历史悠久而又正在迅速发展的工程技术学科。

人们很早就认识到水对人类生存和发展的重要性，所以任何一个民族都是沿水而生，逐水而居；同时人类很早就认识到饮用水卫生的重要性。例如，早在公元前 2 300 年左右，中国就发明了凿井取水技术，促进了村落和集市的形成。为了保护水源，还建立了持刀守卫水井的制度，这是人类开发和保护水源的早期记载。到公元前 2 000 多年，中国已用陶土管修建地下排水道；并在明朝以前就开始用明矾净水。古罗马在公元前 6 世纪开始修建下水道；英国在 19 世纪初开始用沙滤法净化自来水，并在 1850 年把漂白粉用于饮用水消毒，以防止水性传染病的流行；1852 年，美国建立了木炭过滤的自来水厂。19 世纪后半叶，英国开始建立公共污水处理厂，第一座有生物滤池装置的城市污水厂建于 20 世纪初，1914 年出现了现代意义上的活性污泥法污水处理厂。第二次世界大战后的半个多世纪，全球经济迅速发展，各种水处理新技术、新方法不断涌现，水污染控制工程得到了极大的发展。

在大气污染控制方面，早在公元 61 年，罗马哲学家 Seneca 就已谴责因烹饪和供热用火而引起的空气污染为“烟囱劣行”。公元 1081 年，中国宋朝的沈括在著名的《梦溪笔谈》中描述了炭黑生产所造成的烟尘污染。18 世纪中叶，清朝康熙皇帝下旨命令煤烟污染严重的琉璃工厂迁往北京城外。西方工业革命以后，英国不少学者提出了消除烟尘污染的见解；在 19 世纪后半叶，消烟除尘技术已有所发展。1855 年美国发明了离心除尘器，20 世纪初开始采用布袋除尘器和旋风除尘器。随后，燃烧装置改造、工业废气净化和空气调节等技术也逐步得到推广和应用。

人类对固体废弃物的处理和应用也有着悠久的历史。古希腊早有垃圾填埋覆土的处置方法；我国自古以来就有利用粪便和垃圾堆肥化施田的做法；英国很早就颁布禁止把垃圾倒入河流的法令；1822 年德国利用煤渣制造水泥；1874 年英国建立了垃圾焚烧炉。进入 20 世纪以后，随着人口进一步向城市集中，工业生产迅速发展，城市垃圾和固体废弃物数量剧增，对它们的管理、处置和回收利用技术也在不断发展，逐步成为环境工程学科一个重要的组成部分。

在噪声控制方面，中国和欧洲的一些古建筑中，墙壁和门窗都考虑了隔音的要求。20 世纪 50 年代以来，噪声已成为现代城市环境的公害之一，人们从物理学、机械学、建筑学等各个方面对噪声问题进行了广泛的研究，各种控制噪声的技术也取得了很大的发展。

公共卫生学与环境工程的关系十分密切，1775年英国医生波特就发现清扫烟囱的工人多患阴囊癌，指出这与接触煤烟有关。1854年英国医生斯诺首先注意到了霍乱疫情与当地水井有关，后来的医学发展证实了水性传染病与水污染之间的相互关系。今天，人们不仅关心饮用水对公众健康的影响，而且认识到现代生活的各个方面，包括水体、空气、噪声、有毒有害物质和其他各种环境因素都与人类健康密切相关。公共卫生学已经十分重视环境对健康的危害与风险，它的研究与进展也推动了环境工程的发展。

在环境工程学的发展进程中，人们认识到控制环境污染不仅要采用单项治理技术，还应当采用经济的、法律的和管理的各种手段以及与工程技术相结合的综合防治措施，并运用现代系统科学的方法和计算机技术，对环境问题及其防治措施进行综合分析，以求得整体上的最佳效果或优化方案。在这种背景下，环境规划和环境系统工程的研究工作迅速发展起来，逐渐成为环境工程学的一个新的、重要的分支。

多年来，尽管人们为治理各种环境污染做了很大的努力，投入了大量的人力、物力和材料，并从环境管理和环境立法的角度进行顶层设计，但环境问题往往只是局部有所控制，总体上仍未得到根本解决，不少地区的环境质量至今仍在继续恶化。滇池和太湖等重要水体富营养化问题仍然没有得到有效遏制，京津冀地区的大气雾霾问题未得到明显好转。不少地方的生活垃圾逐年增多，出现的垃圾围城问题也是困扰城市发展的重要瓶颈。

为了减少污染物排放量，减轻生态环境的压力，20世纪90年代开始，清洁生产理念和循环经济理念开始实施，从污染物产生源头和废物循环利用等方面削减污染物的排放量，减轻受纳环境的生态压力，缓解水体黑臭和水体富营养化问题。

总之，环境工程学是在人类控制环境污染、保护和改善生存环境的斗争过程中诞生和发展起来的，它脱胎于土木工程、卫生工程、化学工程、机械工程、微生物工程和法律等母系学科，又融入了其他自然科学和社会科学的有关原理和方法。随着经济的发展和人们对环境质量要求的提高，环境工程学必将得到进一步的完善与发展。

1.3 环境工程的主要内容

环境工程是一个庞大而复杂的学科体系，它不仅研究环境污染治理的原理和技术等内容，而且研究受污染环境的修复问题。具体来说，环境工程的基本内容主要有以下几个方面。

(1)水污染控制工程(Water pollution control engineering)。研究预防和控制水体污染，保护和改善水环境质量的工程技术措施。其主要研究领域有：城市污水处理、工业废水处理与利用和废水再生与回用等点源污染治理，区域和流域等面源污染治理。

(2)大气污染控制工程(Air pollution control engineering)。研究预防和控制大气污

染,保护和改善大气质量的工程技术措施。其主要研究领域有:大气质量管理、烟尘等颗粒物控制技术、气体污染物控制技术、区域大气污染综合整治、室内空气污染控制、大气质量标准和废气排放标准等。

(3)固体废弃物控制及资源化(Solid waste pollution control and resource)。研究城市垃圾、工业废渣、放射性及其他危险固体废弃物的处理、处置与资源化。其主要研究领域有:固体废弃物管理、固体废弃物无害化处置、固体废弃物的综合利用和资源化、放射性及其他危险废物的处理。

(4)物理性污染控制工程(Physical pollution control engineering)。研究噪声、振动、高温辐射和其他公害防治工程,以及消除噪声、振动等对人类影响的技术途径和措施。主要研究领域有:噪声、振动、高温和电磁辐射的防护与控制等。

(5)土壤污染与修复工程(Soil pollution and remediation engineering)。研究土壤污染的原因、污染物类型、污染物特性和污染修复工艺及原理。主要研究领域有:污染物在土壤内迁移转化、污染物对地下水的污染、重金属污染物去除和钝化。

(6)污染环境生态修复(Polluted environment remediation engineering)。根据污染环境的特点,选择和研究一些原位的、异位的修复方法对污染环境恢复和改善具有重要价值,研究污染物在修复系统中的迁移、转化和降解原理,以及植物、微生物在修复过程中的环境相应性。

(7)环境法学(Environmental law)。掌握我国新环境保护法的特点,并在此基础上分析我国环境污染典型案例。

1.4 环境工程学科新的研究领域

随着社会经济的发展、新的环境问题的产生和各学科之间的融合,在环境工程领域产生了一些新的研究内容和领域。

(1)微污染/轻度污染水体的处理(Treatment of micro-polluted waters)。受污染的地表水体和污水处理厂尾水一般浓度较低,以持久性有机物、硝酸盐等污染物为主,需要进行深度处理,以减轻受纳水体的生态环境压力和提高水体的使用价值。其主要任务是,降低水体中持久性有机污染物、氮、磷、重金属、藻类、致癌前体物、浊度物质、病原微生物等污染物浓度,达到某些使用目的。

(2)生态修复工程技术(Ecosystem technologies of bioremediation)。主要是对已污染水体、土壤、空气等介质的污染特征和程度,研究针对污染介质的各类生态修复的方法。其主要研究领域是:污染对象生态修复的方法、原理和常用技术开发,污染物生态修复等。

随着人类对新的生物规律的认识和污染物特性的研究,“污染物是放错地方的资源”理念已经深入人心,环境质量改善的理念开始从“污染治理和修复”向着“污染物资源化利用”的方向发展。

(1)污染物产电技术。即微生物燃料电池技术，是一种利用微生物将有机物中的化学能直接转化成电能的装置。主要研究内容包括如何提高污染物转化为电能的效果和如何将产生的电能产业化应用。

(2)污染物转化为生物质能源。包括产氢技术、产沼技术、单细胞蛋白技术和农作物回收技术以及污水养鱼等。主要内容包括:污染物转化为氢气、沼气的效果和调控措施，单细胞菌种的种类和回收利用以及安全性，污染物作为农作物(蔬菜、谷物)的营养源的效果和作用等。

复习思考题

1.环境工程研究内容有哪些？各包括哪些关注的领域？

2.环境工程技术从环境污染治理走向环境污染资源化利用的背景是什么？请您查阅相关资料，了解一下最新的环境污染资源化利用的技术有哪些？其基本原理是什么？

第2章 污水处理

2.1 物理化学处理法

物理处理法(Physical treatment methods)的基本原理是利用物理作用使漂浮状态和悬浮状态的污染物质与废水分离,以达到污水净化的目的。在处理过程中污染物质不发生变化,使废水得到一定程度的澄清,又可回收分离下来的物质加以利用,主要包括格栅、沉砂、过滤、气浮等工艺。该法的最大优点是简单、易行,并且十分经济,但是效果较差,常常作为污水处理的预处理过程。

而废水化学处理法(Chemical treatment methods)则是通过化学反应和传质作用来分离、去除废水中呈溶解、胶体状态的污染物或将其转化为无害物质的废水处理法。以投加药剂产生化学反应为基础的处理单元有混凝、中和、氧化还原等;以传质作用为基础的处理单元有萃取、汽提、吹脱、吸附、离子交换以及电渗吸和反渗透等。该法的最大优点是见效快,效果非常显著,但是经济成本可能较大,同时可能会有一定的二次污染问题,常常用于去除很难生物处理或无法通过物理方法去除的污染物,在一些工业水体的处理中常有应用。

物理法和化学法与生物处理法相比,能较迅速、有效地去除更多的污染物,可作为生物处理后的一级处理、一级强化处理或三级处理工艺。此法还具有设备容易操作、容易实现自动检测和控制、便于回收利用等优点。

2.1.1 格栅和筛网

格栅和筛网(Grille and screen)是污水处理的第一个处理单元,通常设置在污水处理厂各处理构筑物之前,它们的主要作用是:去除污水中粗大的漂浮物,保护污水处理机械设备(如提升泵等)和后续处理单元的正常运行。污水处理厂一般设置两道格栅,第一道为粗格栅,常常设置在污水提升泵前,用于拦截粗大漂浮的物质,防止粗大漂浮的物质进入提升泵而引发故障;第二道为细格栅,常常设置在沉砂池前,进一步拦截较粗大漂浮物,保证沉砂池的正常运行。

城市污水通过下水道收集并送入污水处理厂的集水井,污水中往往会夹杂着树叶、塑料瓶、衣物等漂浮物,所以污水首先应经过斜置在渠道内的一组由金属制成的呈纵向平行的框条(格栅)、穿孔板或过滤网(筛网),使漂浮物或悬浮物不能通过而被阻留在格栅、细筛或滤料上。被格栅拦截下来的各类污染物统称为栅渣。回转式机械格栅如图2.1所示。

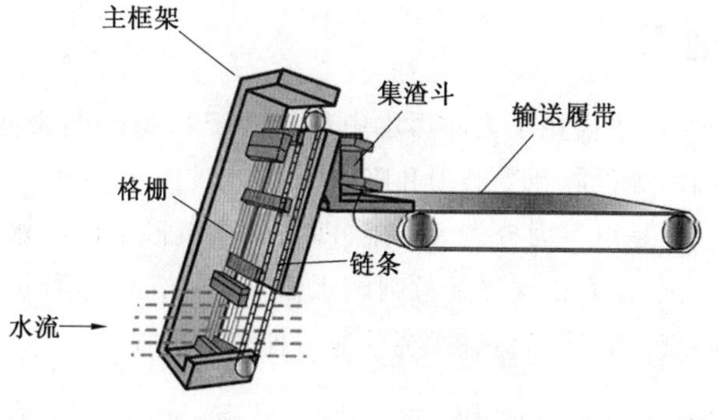

图2.1 回转式机械格栅

格栅按形状分为:平面格栅,筛网呈平面;曲面格栅,筛网呈弧状。按栅条的缝隙大小分为:粗格栅(50～100 mm)、中格栅(10～40 mm)和细格栅(3～10 mm)。按栅渣清理方式分为:人工清理和机械清理。栅渣应及时清理和处理。

筛网主要用于截留粒度在数毫米到数十毫米的细碎悬浮杂物,如纤维、纸浆、藻类等,筛网通常用金属丝、化纤编织而成,或用穿孔钢板制成,孔径一般小于5 mm,最小可为0.2 mm。筛网过滤装置有转鼓式、旋转式、转盘式、固定式振动斜筛等形式。不论何种结构,既要能截留污物,又要便于卸料及清理筛面,图2.2所示为水力筛网。

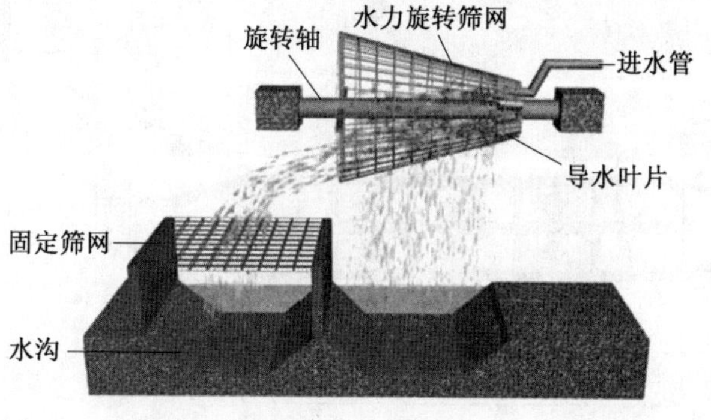

图2.2 水力筛网

水力旋转筛网非常适合于纤维类物质较多的污水处理,因为纤维类物质容易从污水中被拦截下来,但是纤维类物质容易在格栅前杂乱无章地交织成不透水结构,容易导致污水的漫溢,如桑拿洗浴废水、洗衣废水等。而水力旋转筛网能及时地将筛网上的拦截物抖落,不致于引起堵塞。

栅渣的数量与格栅缝隙、污水水质、所处地区等有关,在生活污水处理过程中,当缝隙宽度为10～25 mm时栅渣量为22～60 L/1 000 m^3;缝隙宽度为25～50 mm时栅渣量为5～22 L/1 000 m^3。栅渣的含水率为75%～85%,密度为950 kg/m^3左右,有机物占80%～85%。

栅渣的处置方法包括填埋、土地卫生堆弃、堆肥发酵、焚烧等,也可以栅渣粉碎后送到污水中,作为可沉固体与初次沉淀池污泥合并处理。

2.1.2 沉砂池

沉砂池(Sand-basin)主要用于去除污水中粒径大于 0.2 mm,密度大于 2.65 t/m^3 的砂粒,以保护管道、阀门等设施免受磨损和阻塞。

沉砂池的工作原理是以重力分离为基础,即将进入沉砂池的污水流速控制在只能使比重大的无机颗粒下沉,而有机悬浮颗粒则随水流带走。沉砂池种类可分为平流式沉砂池、竖流式沉砂池、曝气沉砂池和旋流式沉砂池 4 种基本形式。

1. 平流式沉砂池

平流式沉砂池是最常见、最传统的一种沉砂池,具有构造简单、工作稳定、处理效果好且易于排砂等特点。平流式沉砂池池型如图 2.3 所示。

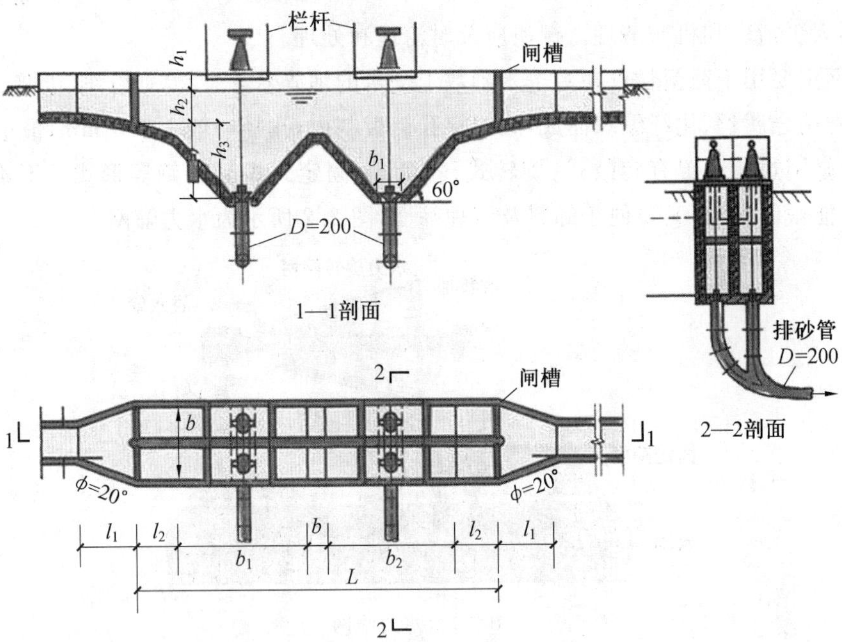

图 2.3 平流式沉砂池池型

平流式沉砂池的工作原理是使污水从一端缓缓地流过构筑物,密度较大的颗粒物得到自然沉降而去除。平流式沉砂池的缺点是占地面积大。

2. 竖流式沉砂池

竖流式沉砂池是一个圆形池子或多边形池子,污水由中心管底部进入沉淀池后自下而上流出沉淀池,而砂粒则在中心管中借重力作用沉于池底,由于污水和砂粒从中心管中分离,污水的向上流动也影响了砂粒的重力沉降,所以它的处理效果一般较差,一般适合于小型污水处理厂或占地较紧张的中型污水处理厂。

3. **曝气沉砂池**

由于沉砂池沉降下来的沉渣中往往夹杂、吸附一定量的有机物，容易腐败发臭，特别是气温较高的时候，容易产生恶臭气味，目前广泛使用的曝气沉砂池可以克服这一缺点。曝气沉砂池有占地小、能耗低、土建费用低等优点，故多采用曝气沉砂池。曝气沉砂池是在平流沉砂池的侧墙上设置一排空气扩散器，使污水产生横向流动，形成螺旋形的旋转状态，砂砾之间产生相互摩擦，使附着在砂砾表面的污染物脱落下来，并随水流走。曝气沉砂池如图2.4所示。

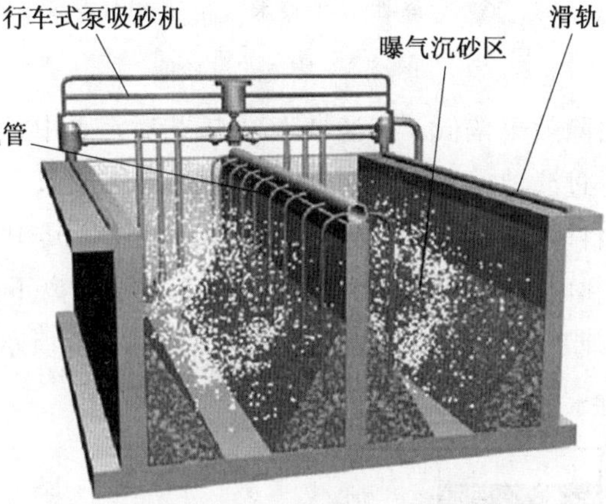

图2.4　曝气沉砂池

曝气沉砂池从20世纪50年代开始试用，目前已推广使用。它具有下述特点：①沉砂中含有机物的质量分数低于5%，不容易发臭；②由于池中设有曝气设备，它还具有预曝气、脱臭、防止污水厌氧分解、除泡和加速油类分离等作用。这些特点对后续的沉淀、曝气、污泥消化池的正常运行和沉砂的干燥脱水提供了有利条件。

4. **旋流式沉砂池**

旋流式沉砂池是近些年发展起来的一种沉砂池，往往与A^2/O工艺联用，旋流式沉砂池通过旋流作用将砂粒和水完全分离，但是不增加水体中的溶解氧。在沉砂池中间设有可调速的桨板，使池内的水流保持环流。桨板、挡板和进水水流组合在一起，旋转的涡轮叶片使砂粒呈螺旋形流动，促进有机物和砂粒的分离，由于所受离心力不同，相对密度较大的砂粒被甩向池壁，在重力作用下沉入砂斗；而较轻的有机物，则在沉砂池中间部分与砂子分离，有机物随出水旋流带出池外。通过调整转速，可以达到最佳的沉砂效果。砂斗内沉砂可以采用空气提升、排沙泵排砂等方式排除，再经过砂水分离达到清洁排砂的标准。旋流式沉砂池如图2.5所示。

2.1.3　过滤

格栅、筛网和沉砂池主要用于去除污水中一些尺寸较大的漂浮物和密度较大的颗粒

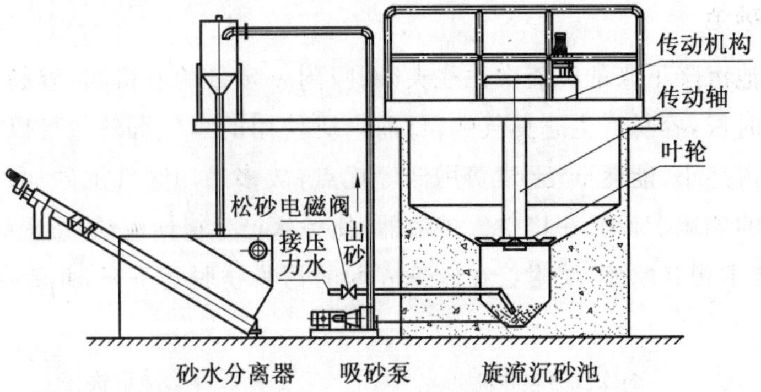

图 2.5 旋流式沉砂池

物，但是对悬浮物的去除效果偏低。过滤(Filter)工艺对污水中悬浮物、颗粒物、胶体等去除效果非常显著，经过过滤池的污水透明度会显著提高。

废水通过粒状滤料(如石英砂、陶粒、无烟煤等)床层时，其中细小的悬浮物和胶体就被截留在滤料的表面和内部空隙中，这种通过粒状介质层分离不溶性污染物的方法称为过滤。滤池的过滤原理及进出水水质表观对比情况如图 2.6 所示。

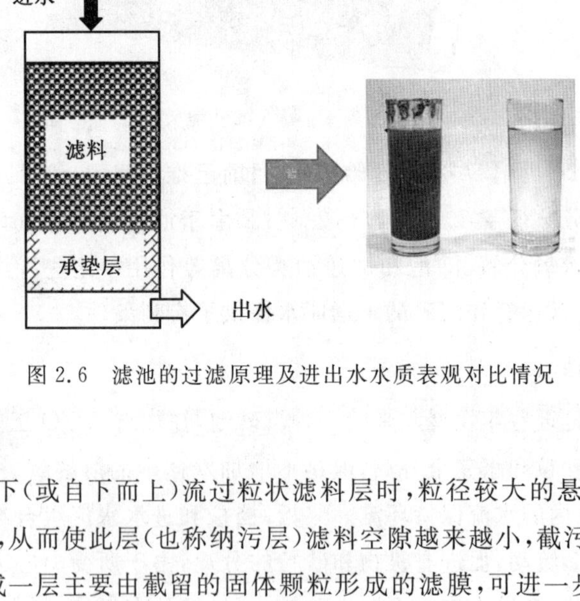

图 2.6 滤池的过滤原理及进出水水质表观对比情况

1. 阻力截留

当废水自上而下(或自下而上)流过粒状滤料层时，粒径较大的悬浮物被机械截留在表层滤料的空隙中，从而使此层(也称纳污层)滤料空隙越来越小，截污能力随之变得越来越高，结果逐渐形成一层主要由截留的固体颗粒形成的滤膜，可进一步提高过滤效果；当然纳污层会随着污水处理过程的增加会逐渐增厚，直到纳污层分布到整个滤层，滤池的滤层失去纳污能力，表示运行周期结束，滤池就要进行反冲洗以恢复滤层的纳污能力。

2. 重力沉降

废水通过滤层时，众多的滤料表面提供了巨大的沉降面积。据估计，1 m^3 粒径为 0.5 mm的滤料中就有 400 m^2 不受水力冲刷影响而提供悬浮物沉降的有效面积，形成无数的小“沉淀池”，悬浮物极易在此沉降下来。

3. **接触絮凝**

由于滤料具有巨大的比表面积，它与悬浮物之间有明显的物理吸附作用。此外，砂粒在水中常常带有表面负电荷，能吸附带正电荷的铁、铝等胶体，从而在滤料表面形成带正电荷的薄膜，并进而吸附带负电荷的黏土和多种有机物胶体，在砂粒表面发生接触絮凝。按滤层层数可分为单层、双层和多层滤池（图 2.7）；按作用水头可分为重力滤池和压力滤池；按过滤速度可分为慢滤池和快滤池。

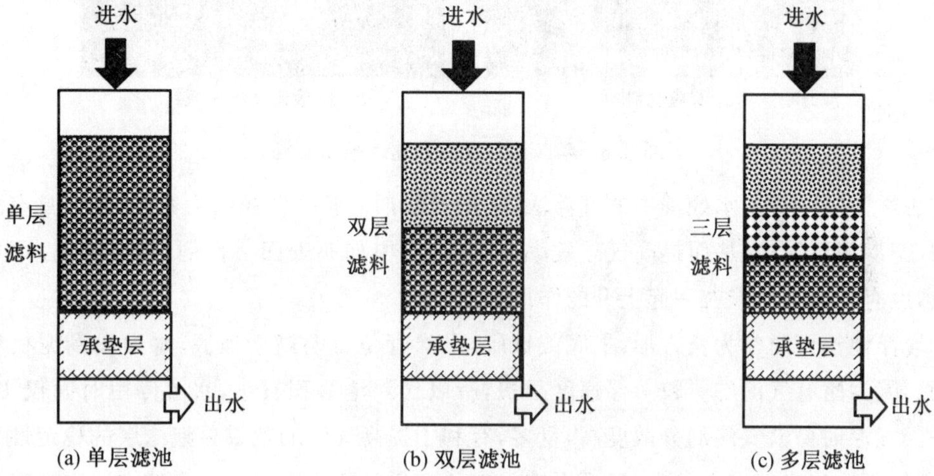

图 2.7　滤池的种类

过滤工艺包括过滤和反冲洗两个基本阶段。过滤即截留污物，反冲洗即把污染物从滤层中洗去，使之恢复过滤功能。过滤周期是指滤池从过滤开始到结束所延续的时间称为过滤周期（或工作周期）。

滤料是滤池中最重要的组成部分，是完成过滤的主要介质，分为天然滤料和人工滤料。除了有足够的机械强度、较好的化学稳定性、适宜的级配和孔隙率外，还必须满足：①滤料纳污能力大，过滤水头损失小，工作周期长；②出水水质符合回用或外排的要求；③反冲洗耗水量少，效果好，反洗后滤料分层稳定而不发生很大程度的滤料混杂；④滤料质量密度介于 1.1～1.3 g/L，以节省反冲洗的动力消耗。陶粒滤料和高效速纤维球滤料如图 2.8 所示。

2.1.4　气浮

气浮（Flotation）处理法就是在废水中生产大量的微小气泡作为载体去黏附废水中微细的疏水性悬浮固体和乳化油，使其随气泡浮升到水面形成泡沫层，然后用机械方法撇除，从而使得污染物从废水中分离出来。

气浮法原理：悬浮物表面有亲水和憎水之分，憎水性颗粒表面容易附着气泡，因而可用气浮法；亲水性颗粒用适当的化学药品处理后可以转为憎水性，然后采用气浮除去，这

(a) 陶粒滤料

(b) 高效速纤维球滤料

图 2.8　陶粒滤料和高效速纤维球滤料

种方法称为“浮选”。水处理中的气浮法，常用混凝剂使胶体颗粒结为絮体，絮体具有网络结构，容易截留气泡，从而提高气浮效率。再者，水中如有表面活性剂（如洗涤剂）可形成泡沫，也有附着悬浮颗粒一起上升的作用。

气浮池池面通常为长方形，平底或锥底，出水管位置略高于池底，水面设刮泥机和集泥槽。因为附有气泡的颗粒上浮速度很快，所以气浮池容积较小，水流停留时间仅 10 余分钟。气浮时要求气泡的分散度高，量多，有利于提高气浮的效果。泡沫层的稳定性要适当，既便于浮渣稳定在水面上，又不影响浮渣的运送和脱水。产生气泡的方法主要有以下 3 种。

1. 电解气浮法

电解气浮法是向污水中通入 5～10 V 的直流电，从而产生微小气泡。但由于电耗大，电极板极易结垢，所以主要用于中小规模的工业废水处理。

2. 曝气气浮法

曝气气浮法又称分散空气法，是在气浮池的底部设置微孔扩散板或扩散管，压缩空气从板面或管面以微小气泡形式逸出于水中。也可在池底处安装叶轮，轮轴垂直于水面，而压缩空气通到叶轮下方，借叶轮高速转动时的搅拌作用，将大气泡切割成小气泡。曝气气浮法如图 2.9(a)所示。

3. 压力溶气法

将空气在一定的压力下溶于水中，并达到饱和状态，然后突然减压，过饱和的空气便以微小气泡的形式从水中逸出。目前废水处理中的气浮工艺多采用压力溶气法，如图 2.9(b)所示。

压力溶气法的主要缺点是：耗电量较大；设备维修及管理工作量增加，运行部分常有堵塞的可能，浮渣（图 2.10）露出水面易受风、雨等气候因素的影响。

压力溶气法的应用：分离水中的细小悬浮物、藻类及微絮体；回收工业废水中的有用

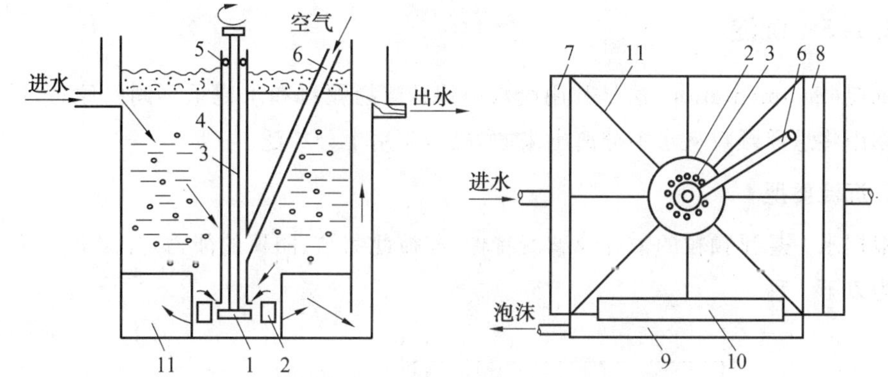

(a) 曝气气浮法

1—叶轮；2—盖板；3—转轴；4—轴套；5—轴承；6—进气管；7—进水槽；8—出水槽；9—泡沫槽；10—刮沫板；11—整流板

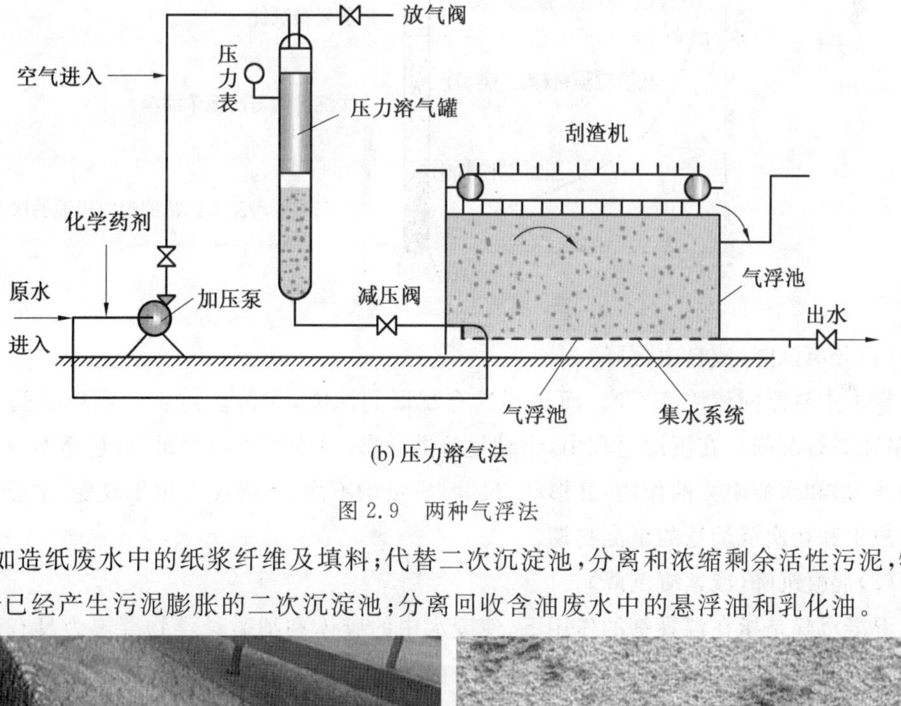

(b) 压力溶气法

图 2.9　两种气浮法

物质，如造纸废水中的纸浆纤维及填料；代替二次沉淀池，分离和浓缩剩余活性污泥，特别适用于已经产生污泥膨胀的二次沉淀池；分离回收含油废水中的悬浮油和乳化油。

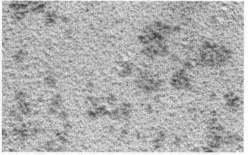

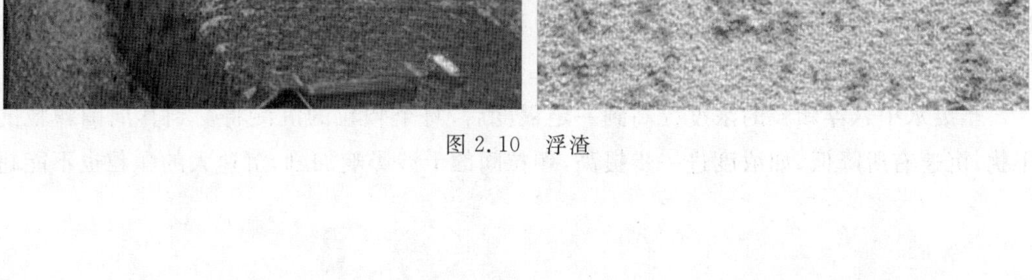

图 2.10　浮渣

2.1.5 沉淀

沉淀(Sedimentation)法是利用废水中的悬浮物颗粒和水比重不同的原理,借助重力沉降作用将悬浮颗粒从水中分离出来的方法,应用十分广泛。

1. 沉淀类型

根据水中悬浮颗粒的浓度及絮凝特性(即彼此黏结、团聚的能力)沉淀类型(图2.11),可分为以下4种。

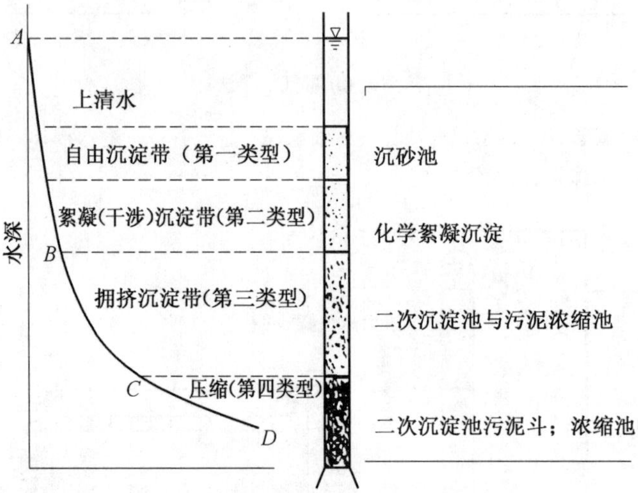

图 2.11 沉淀类型

(1)分离沉降(或自由沉降)。

废水中悬浮固体浓度不高,而且不具有凝聚的性能,在沉淀过程中颗粒之间互不聚合,单独进行沉降。在沉淀过程中,颗粒呈分散状态,只受到本身的重力(包括本身重力和水的浮力)和水流阻力的作用,其形状、尺寸、质量均不变,下降速度也不改变,主要发生在沉砂池中和初次沉淀池的沉淀初期。

(2)混凝沉降(或絮凝沉降)。

混凝沉降是指在混凝剂的作用下,使废水中的胶体和细微悬浮物凝聚为具有可分离性的絮凝体,然后采用重力沉降予以分离去除。常用的无机混凝剂有硫酸铝、硫酸亚铁、三氯化铁及聚合铝,常用的有机絮凝剂有聚丙烯酰胺等。

混凝沉降的特点是:废水中悬浮固体浓度不高的情况下,在沉淀的过程中,颗粒接触碰撞而相互聚集形成较大絮体,因此颗粒的尺寸和质量均会随深度的增加而增大,其沉速也随深度而增加,主要发生在初次沉淀池中和二次沉淀池初期。

(3)成层沉降(或拥挤沉降)。

当废水中悬浮颗粒的浓度提高到一定程度后,每个颗粒的沉淀将受到其周围颗粒的干扰,沉速有所降低,如浓度进一步提高,颗粒间的干涉影响加剧,沉速大的颗粒也不能超过沉速小的颗粒，在聚合力的作用下，颗粒群结合成为一个整体，各自保持相对不变的位置，共同下沉。液体与颗粒群之间形成清晰的界面，沉淀的过程实际就是这个界面下降的过程(活性污泥在二次沉淀池的后期沉淀和高浊度水的沉淀)。

(4)压缩沉降。

当悬浮液中悬浮固体浓度较高时，颗粒相互接触和挤压，在上层颗粒的重力作用下，下层颗粒间隙中的水被挤出，颗粒群体被压缩。压缩沉降发生在沉淀池底部的污泥斗中或污泥浓缩池中，过程进行缓慢。

2.沉淀池

沉淀工艺的主要设备是沉淀池，沉淀的目的是最大限度地除去水中的悬浮物，减轻后续净化设备的负担或对后续处理起一定的保护缓冲作用。沉淀池的工作原理是使污水缓慢地流过池体，使悬浮物在重力作用下沉降。根据沉淀池中水流方向不同可以分为以下4种沉淀池。

(1)平流式沉淀池。

废水从池子一端流入，按水平方向在池子内流动，水中悬浮物逐渐沉向池底，澄清水从另一端溢出。平流式沉淀池池形呈长方形，在进口处的底部设污泥斗，池底污泥在刮泥机的缓慢推动下被刮入污泥斗内，典型装置如图2.12(a)所示。平流式沉淀池因为占地面积较大，目前常见于较为老旧的污水处理厂。

(2)辐流式沉淀池。

辐流式沉淀池如图2.12(b)所示，池子多为圆形，直径较大，一般为20～30 m，适用于大型污水处理厂。污水由进水管进入中心管后，通过管壁上的孔口和外围的环形穿孔挡板，沿径向呈辐射状流向沉淀池周边。由于过水断面不断增大，流速逐渐变小，颗粒沉降下来，澄清水从池周围溢出并汇入集水槽排出。沉于池底的泥渣由安装于桁架底部的刮板刮入泥斗，再借静压或污泥泵排出。根据进出水类型不同，辐流式沉淀池还有周边进水中间出水和周边进水周边出水等类型。

(3)竖流式沉淀池。

竖流式沉淀池如图2.12(c)所示。水由中心管的下口流入池中，通过反射板的拦阻向四周分布于整个水平断面上缓缓向上流动。沉速超过上升流速的颗粒则向下沉降到污泥斗，澄清后的水由池四周的堰口溢出池外，竖流式沉淀池多为圆形或方形。

(4)斜板、斜管沉淀池。

斜板、斜管沉淀池是根据浅池理论设计的新型沉淀池，如图2.12(d)所示。斜板(或斜管)相互平行地重叠在一起，间距不小于50 mm，斜角为50°～60°，水流从平行板(管)的一端流到另一端，使每两块板间(或每根管子)都相当于一个很浅的小沉淀池。

上述沉淀池各具特点，可适用于不同场合。平流式沉淀池结构简单，沉淀效果较好，但占地面积大，排泥存在问题较多，目前在大、中、小型水处理厂中均有采用。竖流式沉淀池占地面积小，排泥较方便，且便于管理，然而池深过大，施工难，使池的直径受到了限制，

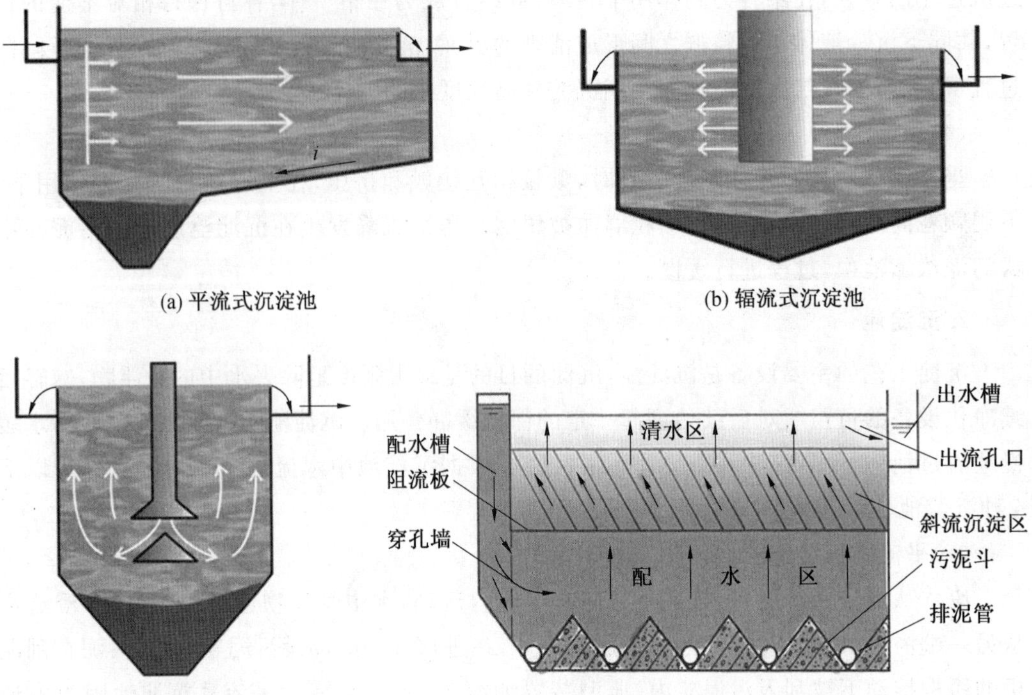

(a) 平流式沉淀池　(b) 辐流式沉淀池

(c) 竖流式沉淀池　(d) 斜板、斜管沉淀池

图 2.12　各类沉淀池的构造示意图

一般适用于中小型污水处理厂。辐流式沉淀池有定型的排泥机械，运行效果较好，最适宜大型水处理厂，但施工质量和管理水平要求较高。

2.1.6　膜分离技术

用半透膜将浓度不同的溶液隔开，溶质即从浓度高的一侧透过膜而扩散到浓度低的一侧，这种现象称为渗析作用（或称浓差渗析）。渗析作用是一个自然过程，是一个顺浓度梯度扩散的过程。

1. 膜分离

膜分离法（Membrane technology）是利用特殊的薄膜（过滤膜）对液体中的某些成分进行选择性透过的方法，其实是利用孔径较小膜的拦截作用实现各类物质的分离和纯化，是渗析作用的反过程，所以为了实现膜分离，常常需要补充动力。溶剂透过膜的过程称为渗透，溶质透过膜的过程称为渗析。

膜分离的基本原理是：过滤膜表面具有复杂孔隙结构（海绵状支撑层和致密表皮层），如图 2.13 所示，当污水在抽吸泵的抽吸作用下通过滤膜，粒径较大的颗粒物会被强制拦截下来，使污水得到净化。

膜分离法的特点包括：

①膜分离过程不发生相变，因此能量转化的效率高。例如，现在的各种海水淡化方法

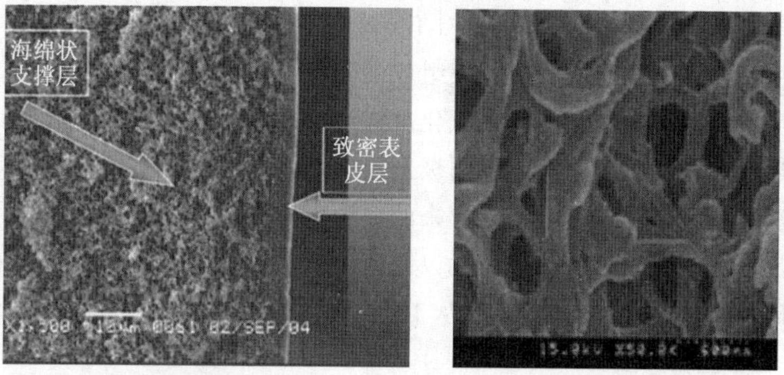

过滤膜横断面放大照片　　过滤膜表面放大照片

图 2.13　膜结构

中反渗透法能耗最低。

②膜分离过程在常温下进行，因而特别适于对热敏性物料如果汁、酶、药物等的分离、分级和浓缩。

③装置简单，操作简单，控制、维修容易，且分离效率高。与其他水处理方法相比，具有占地面积小、适用范围广、处理效率高等特点。

2. **电渗析**

电渗析(Electrodialysis)的原理是在直流电场的作用下，依靠对水中离子(质子)有选择透过性的离子交换膜，使离子从一种溶液透过离子交换膜进入另一种溶液，以达到分离、提纯、浓缩、回收的目的。电渗析原理图如图 2.14 所示。

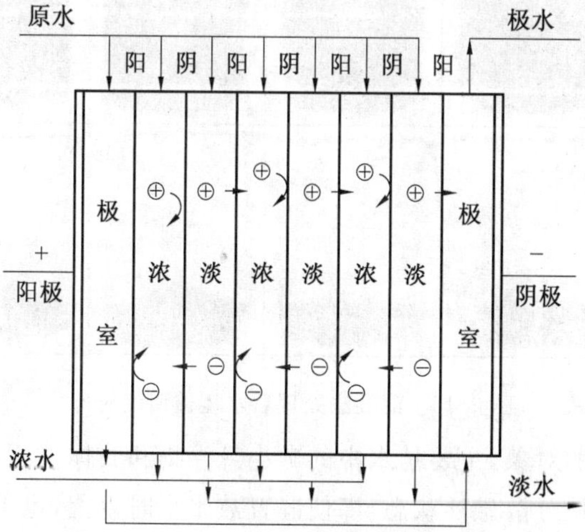

图 2.14　电渗析原理图

电渗析原理：电渗析使用的半渗透膜其实是一种离子交换膜。这种离子交换膜按离子的电荷性质可分为阳离子交换膜(阳膜)和阴离子交换膜(阴膜)两种。在电解质水溶液中，阳膜允许阳离子透过而排斥阻挡阴离子，阴膜允许阴离子透过而排斥阻挡阳离子，这就是离子交换膜的选择透过性。在电渗析过程中，离子交换膜不像离子交换树脂那样与水溶液中的某种离子发生交换，而只是对不同电性的离子起到选择性透过作用，即离子交换膜不需再生。电渗析工艺的电极和膜组成的隔室称为极室，其中发生的电化学反应与普通的电极反应相同。阳极室内发生氧化反应，阳极水呈酸性，阳极本身容易被腐蚀。阴极室内发生还原反应，阴极水呈碱性，阴极上容易结垢。

电渗析法是20世纪50年代发展起来的一种新技术，最初用于海水淡化，现在广泛用于化工、轻工、冶金、造纸和医药工业，尤以制备纯水和在环境保护中处理三废最受重视，例如用于酸碱回收、电镀废液处理以及从工业废水中回收有用物质等。

2.1.7　混凝

混凝(Coagulation)是指通过投加某种化学药剂使水中胶体粒子和微小悬浮物聚集的过程，包括凝聚和絮凝两个过程。凝聚主要指胶体脱稳并生成微小聚集体的过程，絮凝主要指脱稳的胶体或微小悬浮物聚结成大的絮凝体(也称为矾花)的过程。混凝是一种物理化学过程，涉及水中胶体粒子性质、所投加化学药剂的特性和胶体粒子与化学药剂之间的相互作用。混凝法对水体的透明度、浊度有非常显著的效果。混凝法处理后水体透明度对比如图2.15所示。

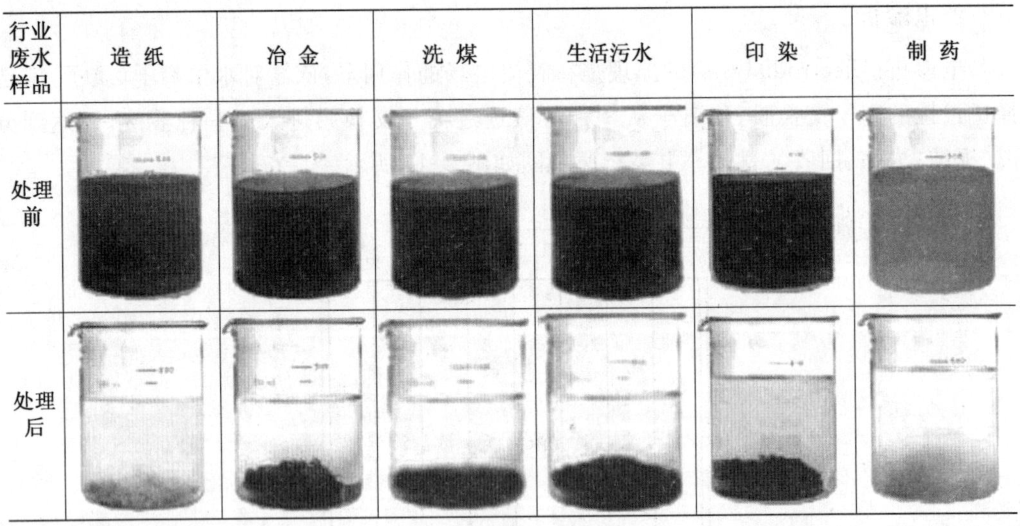

图2.15　混凝法处理后水体透明度对比

化学混凝所处理的对象，主要是水中的微小悬浮物和胶体杂质，微小粒径的悬浮物和胶体能在水中长期保持分散悬浮状态，即使静置数十小时以上，也不会自然沉降。这是由于胶体微粒及细微悬浮颗粒具有“稳定性”。资料显示，一个直径为1 μm的胶体自然沉降条件下，173 h仅沉降1 m。

1. 胶体的稳定性

天然水中的黏土类胶体、污水中的胶态蛋白质和淀粉等都带有负电荷，它的中心称为胶核，其表面选择性地吸附了一层带有同号电荷的离子，这些离子可以是胶核的组成物直接电离而产生的，也可以是从水中选择吸附 H^+ 或 OH^- 而造成的，这层离子称为胶体微粒的电位离子，它决定了胶粒电荷的大小和符号。由于电位离子的静电引力，在其周围又吸附了大量的异号离子，这层离子称为胶体微粒的电位离子，形成了“双电层”。这些异号离子，其中紧靠电位离子的部分被牢固地吸引着，当胶核运动时，它也随着一起运动，形成固定的离子层。而其他的异号离子，离电位离子较远，受到的引力较弱，不随胶核一起运动，并有向水中扩散的趋势，形成了扩散层，固定的离子层与扩散层之间的交界面称为滑动面。滑动面以内的部分称为胶粒，胶粒与扩散层之间有一个电位差。此电位差称为胶体的电动电位，常称为ζ电位。而胶核表面的电位离子与溶液之间的电位差称为总电位或φ电位。图 2.16 为胶体结构示意图。

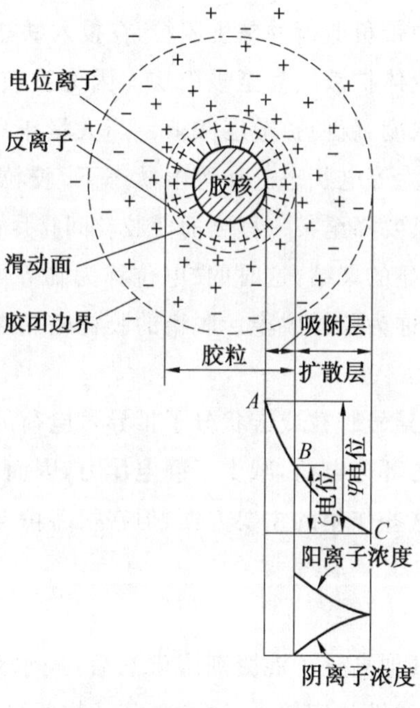

图 2.16 胶体结构示意图

胶粒在水中受以下 3 方面因素的影响。

①由于胶粒带电现象，带相同电荷的胶粒产生静电斥力，而且ζ电位越高，胶粒间的静电斥力越大。

②受水分子热运动的撞击，使微粒在水中做不规则的运动，即“布朗运动”。

③胶粒之间还存在着相互引力——范德瓦尔斯引力。范德瓦尔斯引力的大小与胶粒间距的 2 次方成反比，当间距较大时，此引力略去不计。

一般水中胶粒的ζ电位较高，其互相间斥力不仅与ζ电位有关，还与胶粒的间距有关，距离越近，斥力越大，而布朗运动的动能不足以将两颗胶粒推近到使范德瓦尔斯引力发挥作用的距离。因此，胶体微粒不能相互聚结而长期保持稳定的分散状态。

使胶体微粒不能相互聚结的另一个因素是水化作用。由于胶粒带电，将极性水分子吸引到它的周围形成一层水化膜。水化膜同样能阻止胶粒间的相互接触。但是，水化膜是伴随胶粒带电而产生的，如果胶粒的电位消除或减弱，水化膜也就随之消失或减弱。

2. 混凝原理

化学混凝的机理至今仍未完全清楚，因为它涉及的因素很多，如水中杂质的成分和浓度、水温、水的 pH、碱度和混凝剂的性质以及混凝条件等。但归结起来，可以认为主要是 4 方面的作用。

(1)压缩双电层作用。

由于水中胶粒能维持稳定的分散悬浮状态，主要是由于胶粒的ζ电位。如能消除或降低胶粒的ζ电位，就有可能使微粒碰撞聚结，失去稳定性。在水中投加电解质——混凝剂可达此目的。例如天然水中带负电荷的黏土胶粒，在投入铁盐或铝盐等混凝剂后，混凝剂提供的大量正离子会涌入胶体扩散层甚至吸附层。因为胶核表面的总电位不变，增加扩散层及吸附层中的正离子浓度，就使扩散层减薄。当大量正离子涌入吸附层以致扩散层完全消失时，ζ电位为零，称为等电状态。在等电状态下，胶粒间静电斥力消失，胶粒最易发生聚结。实际上，ζ电位只要降至某一程度而使胶粒间排斥的能量小于胶粒布朗运动的动能时，胶粒就开始产生明显的聚结，这时的ζ电位称为临界电位。胶粒因电位降低或消除以致失去稳定性的过程，称为胶粒脱稳。脱稳的胶粒相互聚结，称为凝聚。

(2)吸附-电中和作用。

颗粒表面对异号离子、异号胶粒或链状分子带异号电荷的部位有强烈的吸附作用，由于这种吸附作用中和了它的部分电荷，减少了静电斥力，因而容易与其他颗粒接近而互相吸附。此时静电引力常是这些作用的主要方面，但在很多情况下，其他的作用超过了静电引力。

(3)吸附架桥作用。

三价铝盐或铁盐以及其他高分子混凝剂溶于水后，经水解和缩聚反应形成高分子聚合物，具有线性结构。因其线性长度较大，这类高分子物质可被胶体微粒强烈吸附。当它的一端吸附某一胶粒后，另一端又吸附另一胶粒，在相距较远的两胶粒间进行吸附架桥，使颗粒逐渐结大，形成肉眼可见的粗大絮凝体。这种由高分子物质吸附架桥作用而使微粒相互黏结的过程，称为絮凝(图 2.17)。

(4)网捕作用。

当金属盐(如硫酸铝或氯化铁)或金属氧化物和氢氧化物(如石灰)做凝聚剂时，当投加量大得足以迅速沉淀金属氢氧化物(如 $Al(OH)_3$，$Fe(OH)_3$，$Mg(OH)_2$)或金属碳酸盐(如 $CaCO_3$)时，水中的胶粒可被这些沉淀物在形成时所网捕。当沉淀物是带正电荷($Al(OH)_3$及 $Fe(OH)_3$在中性和酸性 pH 范围内)时，沉淀速度可因溶液中存在阴离子而加快，例如硫酸根离子。此外水中胶粒本身可作为这些金属氢氧化物沉淀物形成的核心，所以凝聚剂最佳投加量与被除去物质的浓度成反比，即胶粒越多，金属凝聚剂投加量越少。

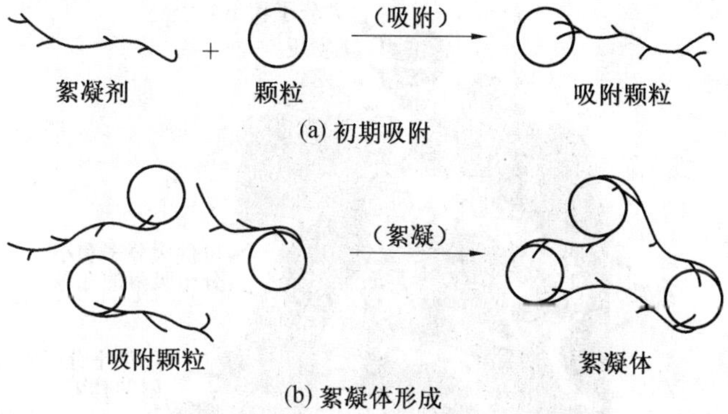

图2.17　高分子絮凝剂对微粒的吸附架桥模式图

以上介绍的混凝的4种机理，在污水处理中通常不是单独孤立的现象，而往往可能是同时存在的，只是在一定情况下以某种现象为主而已，目前看来它们可以用来解释水与废水的混凝现象。但混凝的机理尚在发展，有待通过进一步的实验以取得更完整的解释。

2.1.8　吸附

相界面上，物质的浓度自动发生累积或浓集的现象，称为吸附(Adsorption)，主要吸附溶解性的有机物、合成洗涤剂、微生物、病毒和痕量重金属等，固/液界面上的吸附是一种非选择性过程。具有吸附能力的多孔性固体物质称为吸附剂，废水中被吸附的物质称为吸附质。

吸附可分为物理吸附和化学吸附，如果吸附剂与被吸附物质之间是通过分子间引力(即范德瓦尔斯力)而产生吸附称为物理吸附，该过程是一个物理过程，被吸附的吸附质是可以从吸附剂表面解吸下来的，在任何条件下均可以发生；如果吸附剂与被吸附物质之间产生化学作用，生成化学键引起吸附称为化学吸附，该过程是一个化学过程，是一个不可逆过程，需要在高温条件下才能产生。

物理吸附和化学吸附并非不相容的，而且随着条件的变化可以相伴发生，但在一个系统中，可能其中某一种吸附才是主要的。多数情况下，往往是两种吸附的综合结果。理论上讲，任何一种物质均有吸附作用，但是考虑到吸附效果和吸附量，一般选择孔隙多、比表面积大的物质作为吸附剂。下面以活性炭的吸附和解吸来说明吸附工艺的特点。

1.活性炭的特性

自20世纪以来，活性炭在给水处理中已经得到广泛应用，活性炭对受污染水源水中的微量臭味有机物具有良好的吸附性能，因此被广泛应用于去除水中的臭味。

(1)活性炭的物理性质。

活性炭具有粒状、棒状和粉末状等形状，每克粉末活性炭所具有的比表面积为500～1 700 m^2/g，其中99.9%的表面积位于多孔结构颗粒的内部，活性炭的重要特征是具有发达的孔隙结构(图2.18)。活性炭的孔隙可分为三类，即微孔、中孔和大孔。

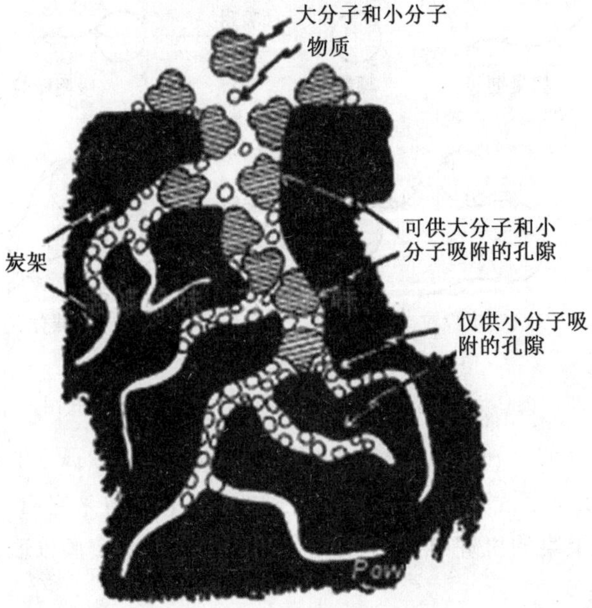

图 2.18　活性炭孔隙分布示意图

微孔是指孔径＜2 nm 的孔隙，该类孔隙所具有的比表面积占总比表面积的 95%以上，起吸附作用，吸附量以小孔吸附为主。

中孔（过渡孔）是指 2～100 nm 的孔隙，比表面积占总的比表面积小于 5%，吸附量不大，起吸附作用和通道作用。

大孔是指 100～1 000 nm 的孔隙，比表面积很小，吸附量小，提供通道。

粉末活性炭颗粒小，与吸附质接触充分，因而吸附速度快，吸附效果好；但是回收和再利用均比较困难，相比之下，粒状活性炭有利于再生。另外，强度也是活性炭一个较为重要的指标，在反冲洗、运输以及再生过程中，强度太小将会造成更多的损耗。

（2）活性炭的化学性质。

在生产过程中，由于氧化及活化作用，在活性炭中形成了复杂的孔状结构，同时还在活性炭表面形成了复杂的含氧官能团以及碳氢化合物，包括羰基、酚羟基、醚类、脂以及环状过氧化物。这些官能团的存在以及相对数量的多少，将决定活性炭的极性强弱以及吸附性能。从相似相溶原理看，具有弱极性、中性及非极性表面的活性炭对非极性分子的吸附能力比较强，而对极性分子以及离子的吸附能力比较弱。

2. 活性炭的再生

颗粒状活性炭在使用一段时间后，吸附了大量吸附质，逐步趋向饱和并丧失吸附能力，此时应进行更换或再生。再生是在吸附剂本身的结构基本不发生变化的情况下，用某种方法将吸附质从吸附剂微孔中除去，恢复它的吸附能力。活性炭的再生方法主要有：

（1）加热再生法。

在高温条件下，提高了吸附质分子的能量，使其易于从活性炭的活性点脱离；而吸附的有机物则在高温下氧化和分解,成为气态逸出或断裂成低分子。活性炭的再生一般用多段式再生炉,炉内供应微量氧气,使其进行氧化反应而又不致使炭燃烧损失。

(2)化学药剂再生法。

通过化学反应,使吸附质转化为易溶于水、无机酸、NaOH、有机溶剂(苯、丙酮等)的物质而解吸下来,恢复其吸附能力。

(3)化学氧化法。

利用化学氧化法使吸附在活性炭上的有机物等被氧化掉,恢复活性炭的吸附孔隙,如电解氧化法、O_3氧化法和湿式氧化法。

(4)生物法。

利用微生物的作用,将被活性炭吸附的有机物作为碳源等营养物质加以氧化分解。

3. 吸附工艺和设备

吸附的操作方式分为间歇式和连续式。间歇式是将废水和吸附剂放在吸附池内搅拌 30 min 左右,然后静置沉淀,排除澄清液。间歇式吸附主要用于小量废水的处理和实验研究,在生产上一般要用两个吸附池交换工作。在一般情况下,都采用连续式吸附。

连续吸附可以采用固定床、移动床和流化床。固定床连续吸附方式是废水处理中最常用的,吸附剂固定填放在吸附柱(或塔)中称为固定床。移动床连续吸附是指在操作过程中定期地将接近饱和的一部分吸附剂从吸附柱排出,并同时将等量的新鲜吸附剂加入柱中。流化床是指吸附剂在吸附柱内处于膨胀状态,悬浮于由下而上的水流中,由于移动床和流化床的操作较复杂,在废水处理中较少使用。

在一般的连续式固定床吸附柱中,吸附剂的总厚度为 3～5 m,分成几个柱串联工作,每个柱的吸附剂厚度为 1～2 m。废水从上向下过滤,过滤速度在 4～15 m/h 之间,接触时间一般不大于 30～60 min。为防止吸附剂层的堵塞,含悬浮物的废水一般应先经过砂滤,再进行吸附处理。吸附柱在工作过程中,上部吸附剂层的吸附质浓度逐渐增高,达到饱和而失去继续吸附的能力。随着运行时间的推移,上部饱和区高度增加而下部新鲜吸附层的高度则不断减小,直至全部吸附剂都达到饱和,出水浓度与进水浓度相等,吸附柱全部丧失工作能力。

在实际操作中,吸附柱达到完全饱和及出水浓度与进水浓度相等是不可能的,也是不允许的。通常是根据对出水水质的要求,规定一个出水含污染物质的允许浓度值。当运行中出水达到这一规定值时,即认为吸附层已达到"穿透",吸附柱便停止工作,进行吸附剂的更换。

4. 吸附法在污水处理中的应用

由于吸附法对进水的预处理要求高,吸附剂的价格昂贵,因此在废水处理中,吸附法主要用来去除废水中的微量污染物,达到深度净化的目的,如废水中少量重金属离子的去除,少量有害生物、难降解有机物的去除、脱色和除臭等。

对于悬浮物质、胶体物质等污染物去除的物理化学方法还有很多种，如离子交换法、吹脱法、萃取法、中和法以及近些年来发展起来的一些高级氧化技术、磁分离技术等。在水与废水的处理过程中要根据水与废水的实际情况和最终用途选择行之有效的工艺或组合工艺。

2.1.9 消毒

各种水体是微生物生长繁殖的天然环境，其中大多数微生物对人体无害，但不少病原微生物可以通过粪便、污水和垃圾等进入水体，从而有可能导致传染病的流行，对人类健康造成了极大的威胁。这种经水传播的疾病，称为水致传染病或水性传染病，主要有肠道传染病，如伤寒、霍乱、痢疾和病毒性肝炎等以及一些借水传播的寄生虫。因此，保证饮用水中没有病原微生物，有效地控制水致传染病的发生，是饮用水安全保证的一个重要方面。

消毒(Disinfection)的目的主要是利用物理或化学的方法杀灭废水中的病原微生物，以防止其对人类及禽畜的健康产生危害和对生态环境造成污染。对于医院污水、屠宰工业及生物制药等行业所排废水，国家及各地方环保部门制定的废水排放标准中都规定了必须达到的细菌学标准。近年来实施较多的工业水回用和中水回用工程中，消毒处理也都成为必须考虑的工艺步骤之一。

消毒方法大体上可分为两类:物理方法和化学方法。物理方法主要有加热、冷冻、辐照和微波消毒等。化学方法是利用各种化学药剂进行消毒，常用的化学消毒剂有氯及其化合物、各种卤素、臭氧、重金属离子等。

加氯消毒是到目前为止使用最多的水处理消毒方法。这主要是因为工业产品瓶装液氯来源可靠，加氯消毒的一次性设备和运行费用均比较低，而消毒效果也比较稳定，且有成熟的设计经验，所以在以往的工程中较多地被采用。但是氯气是一种有毒气体，因此在运输和储存中都必须谨慎小心，特别是在人口稠密的城市地区，绝对不允许发生意外泄漏事故。加氯间的设计要做到结构坚固、防冻保温和安装排风装置，同时加氯间内还要备有检修工具和抢救设备。液氯瓶的运输储存和加氯间的设计，还有其他有关氯的安全问题，必须按标准规范要求执行。

1. 氯消毒

(1)氯消毒原理。

氯消毒原理分以下两种情况。

①原水中不含氨氮，氯溶于水发生下列反应：

$$Cl_2 + H_2O \rightleftharpoons HClO + HCl$$

$$HClO \rightleftharpoons H^+ + ClO^-$$

HClO 和 ClO^- 具有氧化能力，称有效氯或自由氯。HClO 为中性分子，起消毒作用。HClO 和 ClO^- 的相对比例取决于水温和 pH，相同水温下，pH 越低，产生 HClO 越多，消毒效果越好。

②原水中含氨氮。氯加入含氨氮水中生成一氯胺、二氯胺和三氯胺，统称为化合性氯或结合氯，其含量比例取决于氯、氨的相对浓度、pH 和水温。起消毒作用的仍然是 HClO，这些 HClO 是由氯胺与水反应生成，所以氯胺消毒比较缓慢。二氯胺消毒效果好于一氯胺，但二氯胺有臭味；三氯胺消毒效果最差，且有恶臭味。氯消毒分为自由性氯消毒和化合性氯消毒两大类。

(2)余氯及其即分类。

氯加入水中后，不是只杀死病毒、细菌等，还会与水中的有机物质和其他还原性物质作用。为了保证水中所有的病原细菌都能确实地受到氯的杀菌作用，氯与水接触一定时间后，所投加的氯除与细菌和杂质作用消耗外，还有适量的氯留在水中以保持持续杀菌能力，这部分剩余氯成为余氯。

余氯可分为化合性余氯(指水中氯和氨的化合物，有 NH_2Cl，$NHCl_2$ 及 $NHCl_3$ 三种，以 $NHCl_2$ 较稳定，杀菌效果好)，又称为结合性余氯)和游离性余氯(指水中的 ClO^-，HClO，Cl_2 等，杀菌速度快，杀菌力强，但消失快，又称为自由性余氯)。总余氯即化合性余氯与游离性余氯之和，自来水出水余氯指的是游离性余氯。

我国的生活饮用水卫生标准规定，加氯接触 30 min 后，游离性余氯不应低于 0.3 mg/L，集中式给水厂的出厂水除必须符合上述要求外，管网末梢水的游离性余氯还不应低于 0.05 mg/L。

(3)氯消毒法的优缺点。

优点：杀菌、灭病毒效果好，有持久的消毒作用，成本低，见效快，投加系统简单和可靠。

缺点：消毒效果受 pH 影响，可与水中有机物(如腐殖酸、酚等)生成副产物三氯甲烷(Trichlormethanes，THMS)和其他中间产物，如氯胺、氯酚、氯化有机物等，某些会产生臭味，影响饮水水质，所以当水源水受到微量有机物污染时，应该先对水源水进行预处理，以降低有机物的含量而减少饮用水安全风险。

2. 其他消毒法

其他消毒法主要包括二氧化氯消毒、漂白粉和漂白精消毒、次氯酸钠消毒、臭氧消毒、紫外线消毒等。

(1)二氧化氯消毒。

消毒原理：二氧化氯(ClO_2)对细胞壁的穿透能力和吸附能力都较强，能有效地破坏细菌内含硫基的酶，对细菌和病毒有很强的灭活能力。

优点：消毒能力比氯强；不产生 THMS；不受 pH 影响；有很强的氧化有机物能力和除酚能力，且不产生氯酚臭味。

缺点：易挥发，易爆炸，不能储存，需现场制备，生产成本高。

(2)漂白粉和漂白精消毒。

漂白粉：由氯气和石灰加工而成，可表示为 $Ca(ClO)_2$，有效氯的质量分数约为 30%；

漂白精:分子式为 $Ca(ClO)_2$,有效氯的质量分数约为 60%。

消毒原理:漂白粉或漂白精加入水中,与水反应生成 HClO,消毒原理与氯相同。适用于小水厂或临时性供水。

(3)次氯酸钠消毒。

消毒原理:次氯酸钠与水反应生成 HClO,消毒原理与氯相同。但其消毒作用不及氯强。

次氯酸钠制备:因次氯酸钠易分解,不宜储运,故通常采用次氯酸钠发生器(电解食盐水)现场制备。

(4)臭氧消毒。

臭氧性质:由 3 个氧原子组成,常温常压下为淡蓝色气体,极不稳定,易分解为氧气和新生态氧[O]。

消毒原理:新生态氧[O]具有强氧化能力。对具有顽强抵抗能力的微生物有强大的杀伤力;能氧化有机物,去除水的色、臭和味,还可除去溶解性的铁、锰盐类及酚等。

优点:消毒效果好,消毒接触时间短,不受水的 pH 影响,不会产生有害物质。

缺点:成本高,需现场制备,无持续消毒作用。

(5)紫外线消毒。

紫外线的消毒原理:紫外光谱能破坏细菌核酸结构,杀死细菌;还能破坏有机物。产生的紫外线由紫外灯管提供。波长在 200～295 nm 的紫外线具有杀菌能力,波长在 254～260 nm的紫外线杀菌能力最强。

优点:消毒快,效益高,而且能够杀死 HClO 无法杀死的某些芽孢和病毒;不受水的 pH 影响,不存在 THMS 之虑,处理水无色、无味,而且操作简单、易于管理、易于实现自动化。

缺点:消毒效果受水中悬浮物影响;无持续杀菌能力;消毒费用高。

近些年来,各种消毒法结合使用已经成为国内外水厂所提倡的使用方法,其步骤为:先用臭氧氧化水中的酚和消灭病毒,改善水的物理性质,然后在水中加氯,以保证灭菌效果。

2.2 水的生物处理法

生物处理法(Biological treatment)是利用自然环境中的生物(包括微生物、动物和植物)来氧化分解废水中的有机物和某些无机毒物(如氰化物、硫化物),并将其转化为稳定无害的无机物的一种废水处理方法。污水生物处理法是建立在环境自净作用基础上的人工强化技术,其意义在于创造出有利于微生物生长繁殖的良好环境,增强微生物的代谢功能,促进微生物的增殖,加速有机物的无机化,增进污水的净化进程。该方法具有投资少、效果好、运行费用低等优点，在城市废水和工业废水的处理中得到广泛的应用。

2.2.1 水处理中的生物分类

1. 细菌

细菌(Bacteria)是水的生物处理的主要力量之一，水的生物处理法就是利用微生物的新陈代谢作用将水中的污染物进行氧化还原，变成简单的化合物，如二氧化碳、水、氮气等，并释放出能量；同时，细菌利用这些污染物作为生长繁殖的营养物进行同化作用，合成自身的物质组成，在此过程中需要消耗能量，如图 2.19(a)所示。

水处理过程中所涉及的细菌种类繁多，包括动胶杆菌属，假单胞菌属(在含糖类、烃类污水中占优势)，产碱杆菌属(在含蛋白质多的污水中占优势)，黄杆菌属，大肠埃希式杆菌等。这些细菌在水处理构筑物中因营养物质丰富而大量繁殖，并形成菌胶团，以免流失或被吞噬。

多种细菌按一定的方式互相黏集在一起，被一个公共荚膜包围形成一定形状的细菌集团称为菌胶团。它是活性污泥絮体和滴滤池黏膜的主要组成部分，是污染物去除的核心。

2. 真菌

真菌(Fungus)是水处理构筑物中的另一大类，主要包括藻类、酵母菌和霉菌等，该类微生物对水质净化具有一定的积极作用，特别是对于一些含有难降解污染物的工业污水等，但是真菌也往往是丝状菌膨胀的主要原因之一。代表菌种青霉如图 2.19(b)所示。

3. 原生动物

原生动物(Protozoan)是一类最原始的动物，在水处理构筑物中所包含的原生动物主要有肉足纲、鞭毛纲和纤毛纲等，这些原生动物对水质净化也有非常积极的作用，如原生动物可以摄食游离细菌和污泥颗粒，从而有利于改善活性污泥的活性和提高水质的清澈度。由于原生动物体型较大，用光学显微镜即可清晰地观察和辨认，是水处理构筑物运行状况的指示性微生物，通过辨认原生物的种类、活性和大小等，能够判断处理水质的优劣。如钟虫的出现是水处理系统稳定的重要标志，如图 2.19(c)所示。

4. 微型后生动物

微型后生动物(Micro－metazoa)是水处理构筑物中较为高等的一类微生物，主要包括轮虫、线虫、红斑瓢体虫等，这些高等微生物对水质净化具有一定的辅助作用，主要吞噬污泥颗粒、悬浮物质、分散的细菌等，所以具有良好的指示性作用和改善污泥絮体(生物膜)的活性作用，如轮虫的出现标志着水处理构筑物运行正常和稳定，线虫的出现标志着生物滤池的堵塞，红斑瓢体虫的出现说明活性污泥老化等。当然，后生动物的数量太多，对水处理构筑物的运行也是不利的，如轮虫的数量太多，会使生物膜变得松散而流失。轮虫如图 2.19(d)所示。

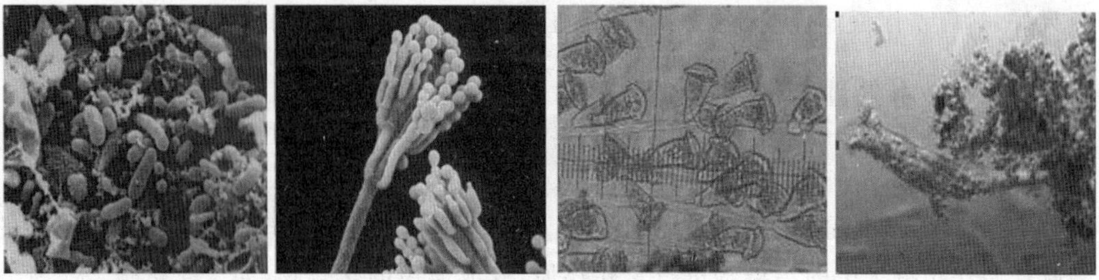

(a) 细菌　(b) 青霉　(c) 钟虫　(d) 轮虫

图 2.19　水处理构筑物中各类微生物图

5. **高等水生植物**

近些年来，随着人工湿地、植物氧化塘等工艺在水处理中的广泛应用，高等水生植物(Hydrophytes)在净化水质和污水处理中的作用越来越被关注。高等水生植物具有以下作用：①高等水生植物利用同化作用使水中部分有机物转变成植物的组成部分；②高等水声植物利用光合作用使其丰富的根系周围形成富氧区、缺氧区和厌氧区，使不同生理生化特性的微生物共存，提高水中污染物的降解种类和效果；③高等水生植物的根系为鱼类的生长、产卵、繁殖和避害提供了良好的场所，同时高等水生植物的植物丛为飞禽提供了栖息地，有利于水生态系统的稳定，可提高水处理的效果。高等水生植物应用到水处理领域的经济效益、社会效益等也是非常显著的。

此外，水处理过程中还具有其他一些高等动物，如飞鸟、水禽等，能通过在觅食水处理构筑物中的污泥颗粒、后生动物等来优化水处理效果。

2.2.2　污水的好氧生物处理

生物处理法根据微生物生长繁殖是否需要氧气分为好氧生物处理(Aerobic biological treatment)和厌氧生物处理(Anaerobic biological treatment)两类。主要依赖好氧菌和兼性菌的生化作用来完成废水处理的工艺称为好氧生物处理法。该法需要有溶解氧的供应，主要有活性污泥法(Activated sludge methods)和生物膜法(Bio-film methods)两种。

1. **好氧菌的生化过程**

好氧菌(Aerobic bacteria)的生化过程如图 2.20 所示。好氧菌(包括兼性菌)在足够溶解氧的供给下利用废水中的有机物(溶解的和胶体的)进行好氧分解，约有 1/3 的有机物被分解转化或氧化为 CO_2、NH_3、亚硝酸盐、硝酸盐、硫酸盐等产物，同时释放出能量作为好氧菌自身生命活动的能源。此过程称为异化分解(Dissimilation)；另有 2/3 的有机物则被作为好氧菌生长繁殖所需要的构造物质，合成新的原生质(细胞质)，成为同化合成(Assimilation)过程。新的原生质就是废水生物处理过程中的活性污泥或生物膜的增长部分，通常称剩余活性污泥或称生物污泥(Excess sludge or bio-sludge)。

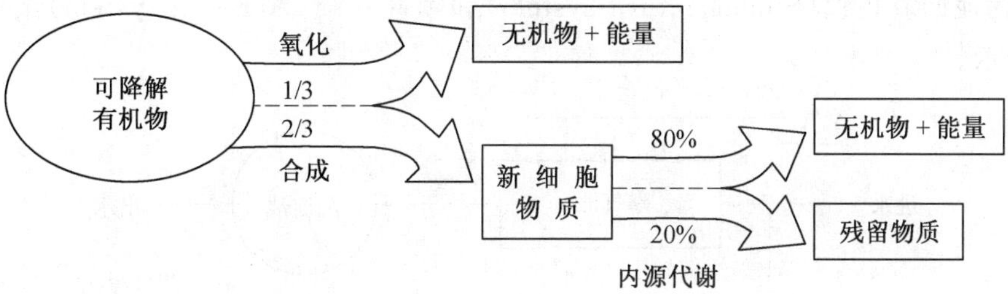

图2.20 污水的好氧生物处理过程示意图

当废水中的营养物(主要是有机物)缺乏时,好氧菌通过氧化体内的原生质来提供生命活动的能源(称内源代谢或内源呼吸),这将会造成微生物数量的减少。准确来说,好氧生物处理过程不仅是有机物的降解过程,而且还包括氨氮的转化。

2. 活性污泥法

活性污泥法是处理城市废水常用的方法,也是最成熟的方法之一。它能从废水中去除溶解的和胶体的、可生物降解的有机物以及能被活性污泥吸附的悬浮固体和其他一些物质,无机盐类(磷和氮的化合物)也部分地被去除。

(1)概述。

向富含有机污染物、并有细菌的废水中不断地通入空气(曝气),一定时间后就会出现悬浮态絮状的泥粒,这实际上是由好氧菌(及兼性菌)、好氧菌所吸附的有机物和好氧代谢活动的产物所组成的聚集体,具有很强的分解有机物的能力,称之为"活性污泥"。活性污泥易于沉淀分离,使废水得到澄清。这种以活性污泥为主体的生物处理法称为活性污泥法。活性污泥法对废水的净化作用是通过两个步骤来完成的。

第一步为吸附阶段(Adsorption stage)。因为活性污泥具有较大的表面积,好氧菌分泌的多糖类黏液具有很强的吸附作用,与废水接触后,在很短时间内(10~30 min)便会有大量有机物被活性污泥所吸附,使废水中的 BOD_5 和 COD 出现较明显的降低(可去除85%~90%)。在这一阶段也进行吸收和氧化作用。

第二步为氧化阶段(Oxidation stage)。好氧菌对已吸附和吸收的有机物质进行分解代谢,使废水得到了净化;同时通过氧化分解使达到吸附饱和后的污泥重新呈现活性,恢复它的吸附和分解代谢能力。此阶段进行得十分缓慢。实际上曝气池的大部分容积内都在进行着有机物的氧化和微生物原生质的合成过程。

要想达到良好的好氧生物处理效果,需满足以下3点要求:①向好氧菌提供充足的溶解氧和适当浓度的有机物(做微生物底物);②好氧菌和有机物(即需要除去的废物)需充分接触,要有搅拌混合设备;③当好氧菌把废水中有机物吸附分解之后,活性污泥易于与水分离,同时回流污泥,重新利用。

(2)活性污泥法的基本流程。

活性污泥法系统由曝气池(Aeration tank)、二次沉淀池(Secondary sedimentation

tank)、污泥回流装置(Sludge return system)和曝气系统(Aeration system)组成,如图2.21所示。

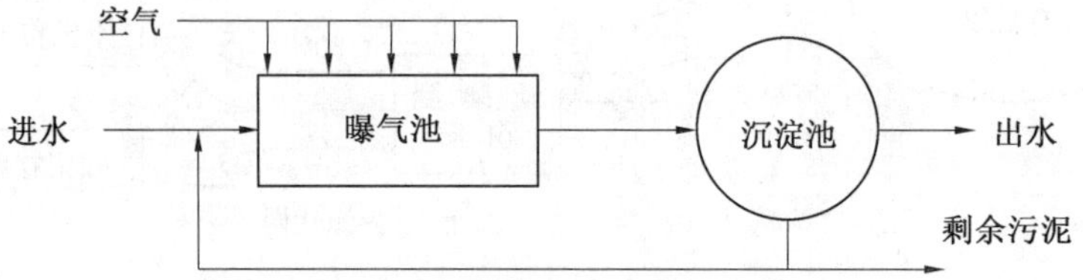

图 2.21 活性污泥法的基本流程

待处理的废水,经初次沉淀池等构筑物预处理后与回流的活性污泥同时进入曝气池,成为混合液。由于不断曝气,活性污泥和废水充分混合接触,并有足够的溶解氧,保证了活性污泥中的好氧菌对有机物进行分解。然后混合液流至二次沉淀池,污泥沉降与澄清液分离,上清液从二次沉淀池不断地排出,沉淀下来的活性污泥一部分回流到曝气池以维持处理系统中一定的细菌数量,另一部分(即剩余污泥,主要是由好氧菌不断繁殖增长及分解有机物的同时产生)则从系统中排除。

(3)曝气装置(图 2.22)。

①鼓风曝气。

曝气池常采用长方形的池子。采用定型的鼓风机供给足够的压缩空气,并使它通过布设在池侧的散气设备进入池内与水接触,使水流充分充氧,并保持活性污泥呈悬浮状态。

②机械曝气。

机械曝气是利用曝气器内叶轮的转动剧烈翻动水面使空气中的氧溶入水中,同时造成水位差使回流污泥循环。

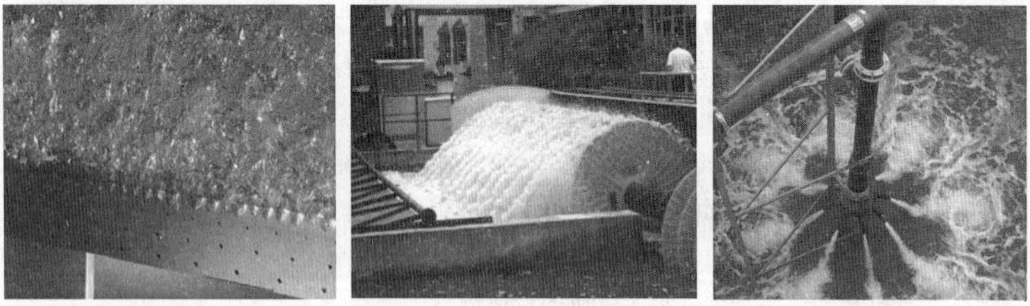

(a) 鼓风曝气　　(b) 机械曝气　　(c) 射流曝气

图 2.22 3种常见的曝气方式

此外,鼓风曝气和机械曝气经常联合使用,以提高曝气池内的曝气效果;射流曝气也是目前常见的曝气手段。

(4)活性污泥法的发展与演变。

活性污泥法自发明以来,根据反应时间、进水方式、曝气设备、氧的来源、反应池型等不同，已经发展出多种变型，主要包括传统的推流式、渐减曝气法、阶段曝气法、高负荷曝气法、延时曝气法、吸附再生法、完全混合法、深井曝气法、纯氧曝气法等。这些变型方式有的还在广泛应用，同时新开发的处理工艺还在工程中接受实践的考验，采用时须慎重区别对待，因地制宜地加以选择。

根据不同的目的和要求，可以选择不同的活性污泥法工艺，例如延时曝气法有利于减少剩余污泥量，深井曝气法适用于耕地紧张的地区等。

3. **生物膜法**

当废水长期流过固体多孔性滤料（亦称生物载体或填料）表面时，微生物在介质滤料表面生长繁殖，形成黏性的膜状生物污泥，称之为生物膜（Bio-film）。利用生物膜上的大量微生物吸附和降解水中有机污染物的水处理方法称为生物膜法。它与活性污泥法的不同之处在于微生物是固着生长于介质滤料表面，故又称为固着生长法，活性污泥法则又称为悬浮生长法。

生物膜净化废水的机理如图 2.23 所示。

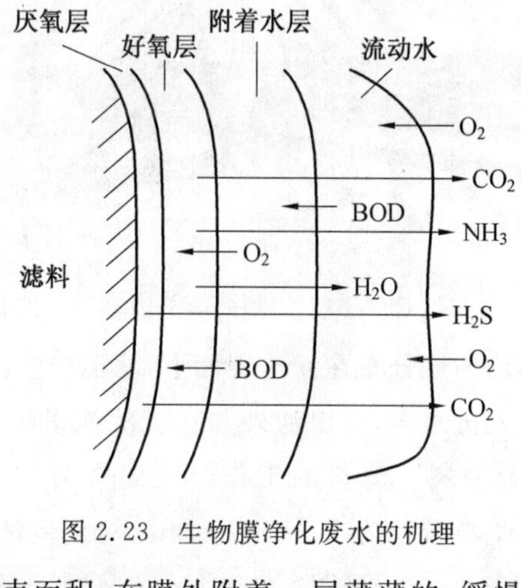

图 2.23　生物膜净化废水的机理

生物膜具有很大的比表面积，在膜外附着一层薄薄的、缓慢流动的水层，称为附着水层。在生物膜系统中，生物膜内外、生物膜与水层之间进行多种物质的传递过程。废水中的有机物由流动水层转移到附着水层，进而被生物膜所吸附。空气中的氧溶解于流动水层中，通过附着水层传递给生物膜，供微生物呼吸之用。好氧菌对有机物进行氧化分解和同化合成，产生的 CO_2 和其他代谢产物一部分溶入附着水层，一部分析出到空气中（即沿着相反方向从生物膜经过水层排到空气中去）。如此循环往复，使废水中的有机物不断减少，从而净化废水。

当生物膜较厚、废水中有机物浓度较大时，空气中的氧很快地被表层的生物膜所消耗，靠近滤料的一层生物膜就会得不到充足氧的供应而使厌氧菌发展起来，并且产生有机酸、甲烷（CH_4）/氨（NH_3）及硫化氢（H_2S）等厌氧分解产物。它们中有的很不稳定，有的带有臭味，将大大影响出水的水质。

生物膜厚度一般以 0.5～1.5 mm 为佳。当生物膜超过一定厚度后，吸附的有机物在传递到生物膜内层的微生物之前就已被代谢掉。此时内层微生物得不到充分的营养而进入内源代谢，失去其黏附在滤料上的性能而脱落下来，随水流出滤池，滤料表面重新长出新的生物膜。因此在废水处理过程中，生物膜经历着不断生长、不断剥落和不断更新的演变过程。

4. 生物膜法净化设备

(1)生物滤池。

生物滤池(Bio-filter)由滤床、布水设备和排水系统 3 部分组成，在平面上一般呈方形、矩形或圆形。生物滤池可分为普通生物滤池、高负荷生物滤池和塔式生物滤池 3 种形式。普通生物滤池又称低负荷生物滤池或滴滤池，其构造如图 2.24 所示。

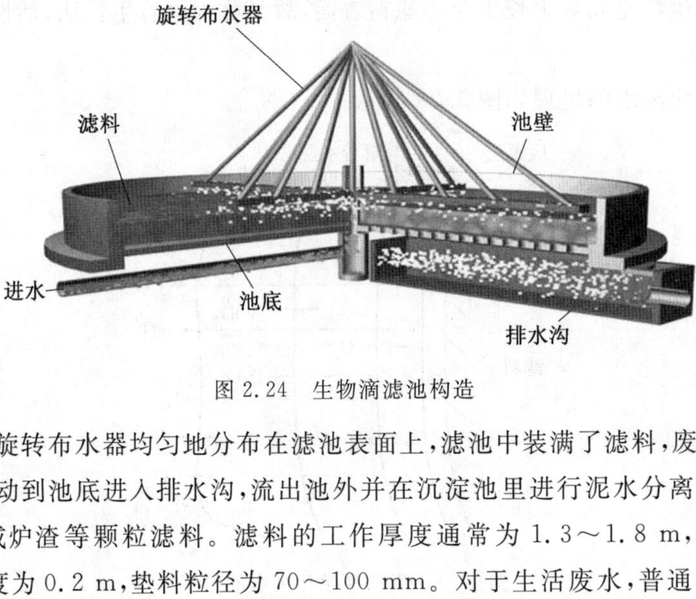

图 2.24　生物滴滤池构造

废水通过旋转布水器均匀地分布在滤池表面上，滤池中装满了滤料，废水沿着滤料表面从上向下流动到池底进入排水沟，流出池外并在沉淀池里进行泥水分离。滤料一般采用碎石、卵石或炉渣等颗粒滤料。滤料的工作厚度通常为 1.3～1.8 m，粒径为 2.5～4 cm；承托厚度为 0.2 m，垫料粒径为 70～100 mm。对于生活废水，普通生物滤池的有机物负荷率较低，仅为 0.1～0.3 kg(BOD_5)/(m^3 · d)，处理效率可达 85%～95%。

高负荷生物滤池(Bio-filter with high loading)的所有滤料的直径一般为 40～100 mm，滤料层较厚，可达 2～4 m，采用树脂和塑料制成的滤料还可以增大滤料层高度，并可以采用自然通风。高负荷生物滤池的有机物负荷率为 0.8～1.2 kg(BOD_5)/(m^3 · d)；滤层高度在 8～16 m 的为塔式生物滤池，也属于高负荷生物滤池，其有机物负荷率可高达 2～3 kg(BOD_5)/(m^3 · d)。由于负荷率高，废水在塔内停留时间很短，仅需几分钟，因而 BOD_5 去除率较低，为 60%～85%，一般采用机械通风供氧。

曝气生物滤池(Biological aerated filters, BAF)也叫淹没式曝气生物滤池(Submerged aerated filters, SBF)，是在普通生物滤池、高负荷生物滤池、生物滤塔、生物接触氧化法等生物膜法的基础上发展而来的，被称为第三代生物滤池。一般来说，曝气生物滤池具有以下特征：

①用粒状填料作为生物载体，如陶粒、焦炭、石英砂、活性炭等。

②区别于一般生物滤池及生物滤塔，在去除 BOD、氨氮时需进行曝气。

③高水力负荷、高容积负荷及高生物膜活性。

④具有生物氧化降解和截留悬浮固体的双重功能，生物处理单元之后不需再设二次沉淀池。

⑤需定期进行反冲洗，清洗滤池中截留的悬浮固体以及更新生物膜。

(2)生物转盘。

生物转盘(Rotating biological disc)的工作原理和生物滤池基本相同，主要的区别是它以一系列绕水平轴转动的盘片(直径一般为 2～3 m)代替固定的滤料，生物转盘净化机理如图 2.25 所示。

生物转盘工艺是生物膜法污水生物处理技术的一种，是污水灌溉和土地处理的人工强化，这种处理法使细菌和菌类的微生物、原生动物一类的微型动物在生物转盘填料载体上生长繁育，形成膜状生物性污泥(生物膜)。

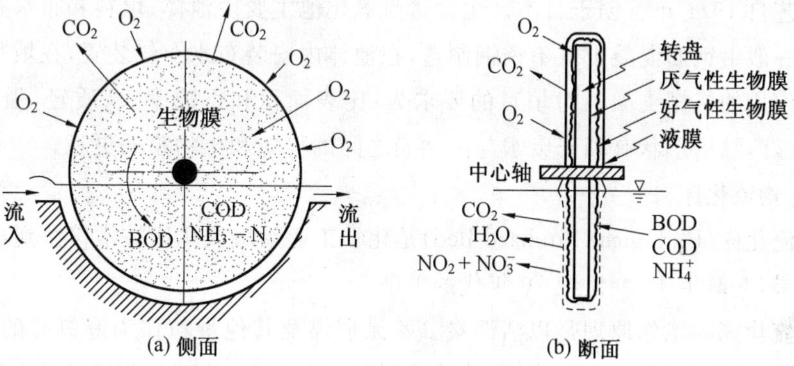

图 2.25　生物转盘净化机理

生物转盘的工作原理如下：运行时，废水在池中缓慢流动，盘片在水平轴带动下缓慢转动(0.8～3 r/min)。当盘片某部分浸入废水时，生物膜吸附废水中的有机物，使好氧菌获得丰富的营养；当转出水面，生物膜又从大气中直接吸收所需的氧气。如此反复循环，使废水中的有机物在好氧菌的作用下氧化分解，盘片上的生物膜会不断地自行脱落，并随水流入二次沉淀池中除去。一般废水的 BOD 负荷保持在低于 15 mg/L，可使生物膜维持正常厚度，很少形成厌氧层。

(3)生物接触氧化法。

生物接触氧化法(Biological contact oxidation process)是一种介于活性污泥法与生物滤池之间的生物膜法处理工艺，具有活性污泥法和生物膜工艺的优良特性，一定程度上讲，该工艺是一种复合式生物处理法，又称为淹没式生物滤池。接触氧化工艺构筑物结构如图 2.26 所示。

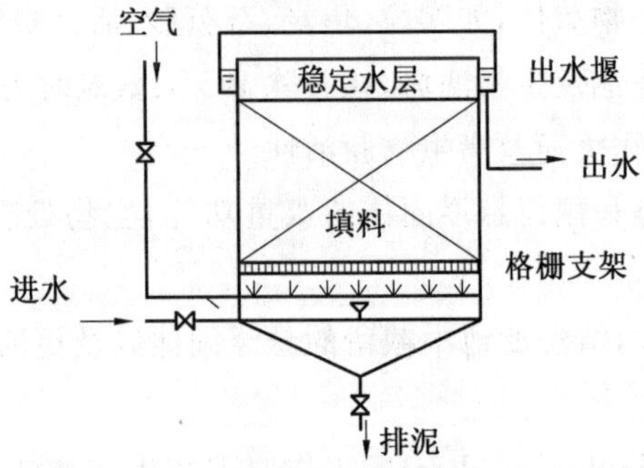

图 2.26　接触氧化工艺构筑物结构

水质净化原理如下：池内挂满各种填料，全部填料浸没在废水中。目前多使用的是蜂窝式或列管式填料，上下贯通，水力条件良好，氧量和有机物供应充分，同时填料表面全为生物膜所布满，保持了高浓度的生物量。在滤料支撑下部设置曝气管，用压缩空气鼓泡充氧。废水中的有机物被吸附于滤料表面的生物膜上，被好氧菌分解氧化。

该工艺自 1971 年首创于日本。生物接触氧化池主要由池体、填料和布水布气装置组成。池体一般由钢筋混凝土或不锈钢制造，在池体内安装布水布气装置，在填料下方要设置起支撑作用的格栅支架。对填料的要求为：比表面积和空隙率大，质轻，强度高，耐腐蚀，稳定性好，结构形状有利于废水与生物膜之间的传质和生物膜的更新。

(4)生物流化床。

生物流化床(Biological fluidized bed)是化学工业领域流化床技术移植到水处理领域的科技成果，它诞生于 20 世纪 70 年代的美国。

生物流化床的工作原理是以活性炭、砂、无烟煤及其他颗粒作为好氧菌的载体，充填于反应器内，废水自下向上流过砂床使载体层呈流动状态，从而在单位时间内加大生物膜同废水的接触面积和充分供氧，并利用填料沸腾状态强化废水生物处理过程。构筑物中填料的表面积超过 3 300 m^2/m^3 填料，填料上生长的生物膜很少脱落，可省去二次沉淀池。床中混合液悬浮固体质量浓度达 8 000～40 000 mg/L，氧的利用率超过 90%。

生物流化床工艺效率高、占地少、投资省，在美国、日本等国家已用于污水硝化、脱氮等深度处理和污水二级处理。根据载体流化动力的不同，可将生物流化床分为液力流化床(两相流化床)和气力流化床(三相流化床)，如图 2.27 所示。

两相流化床的运行过程是：废水和回流水经充氧池充氧后，以一定流速由下向上通过流化床，在流化床特殊的水力环境下，废水与生物粒子发生较为充分的接触，在床内进行有效的传质和生物氧化反应过程，经过净化的废水由泵打入二次沉淀池沉淀后排出。随着生化反应的进行，载体表面的生物量逐渐增大，为了使生物膜及时更新，在处理过程中需要采用相应的机械脱除载体上的生物膜，被脱除的生物膜作为剩余污泥处理，脱膜后的载体则回流到流化床中再次使用。

三相流化床是在床底直接通入空气充氧，因而床内形成气相、液相和固相三相状态，

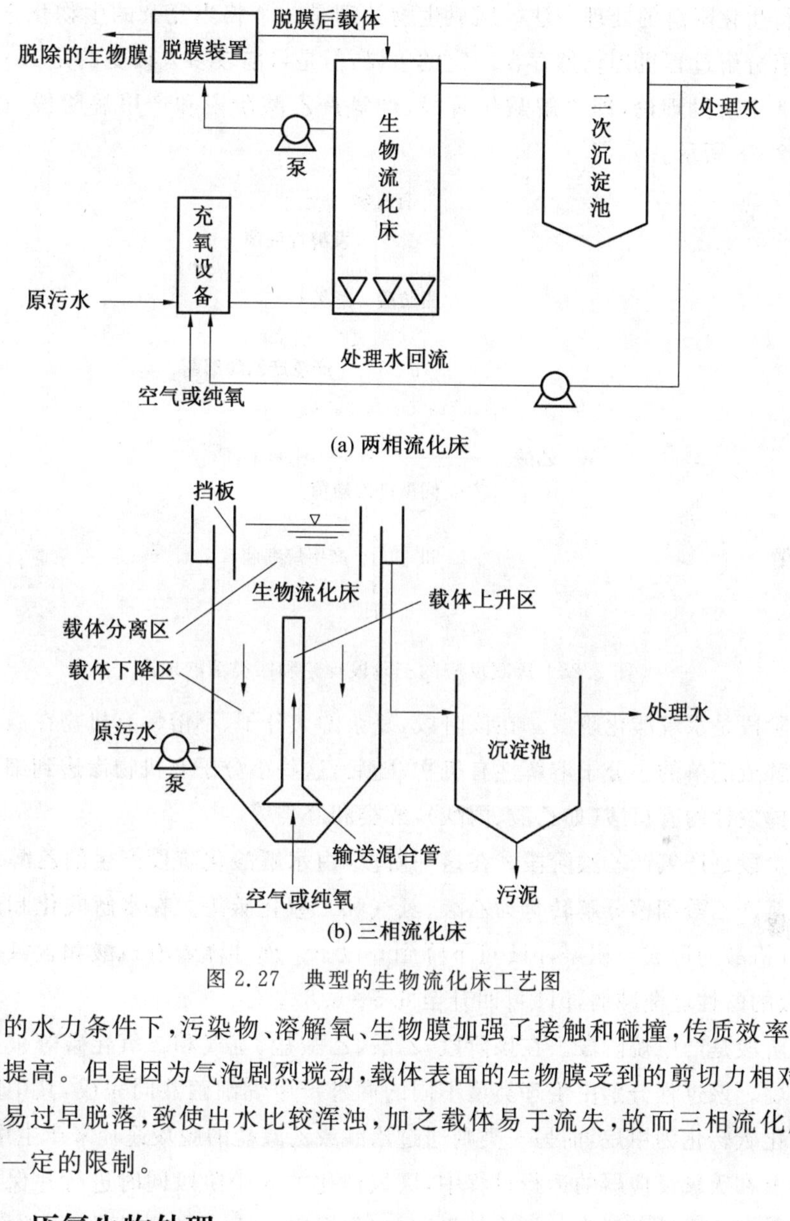

图 2.27　典型的生物流化床工艺图

在剧烈搅动的水力条件下,污染物、溶解氧、生物膜加强了接触和碰撞,传质效率和生化反应速率大大提高。但是因为气泡剧烈搅动,载体表面的生物膜受到的剪切力相对较大,因而生物膜容易过早脱落,致使出水比较浑浊,加之载体易于流失,故而三相流化床在实际应用中受到一定的限制。

2.2.3　厌氧生物处理

好氧生物处理效率高,应用广泛,已经成为城市废水处理的主要方法。但好氧生物处理的能耗较高,剩余污泥量较多,特别不适宜处理高浓度有机废水和污泥。厌氧生物处理相对于好氧生物处理的显著优势在于:①不需供氧;②最终产物为热值很高的甲烷气体,可用作清洁能源;③特别适宜于处理城市废水处理厂的污泥和高浓度有机工业废水。

1. 厌氧菌的生化过程机理

厌氧生物处理或称厌氧消化是指在无氧条件下,通过厌氧菌和兼性菌的代谢作用,对有机物进行生化降解的处理方法。厌氧生物处理是一个相当复杂的生物化学过程，对有机物的厌氧分解过程机理仍然存在一定的争议，但是目前较多人接受的是 Bryant 在研究中提出的 3 个阶段理论，即水解酸化阶段、产氢产乙酸阶段和产甲烷阶段（碱性发酵阶段），如图 2.28 所示。

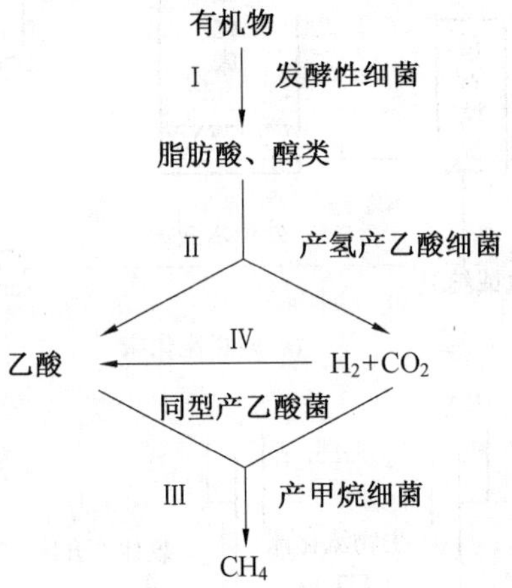

图 2.28　厌氧反应的三阶段理论和四类菌群理论

第一阶段是水解酸化阶段。在该阶段，复杂的大分子、不溶性有机物在微生物胞外酶作用下分解成简单的小分子溶解性有机物；随后，这些小分子有机物渗透到细胞内被进一步分解为挥发性的有机酸（如乙酸、丙酸），醇类和醛类等。

第二阶段是产氢产乙酸阶段。在这一阶段，由水解酸化阶段产生的乙醇和各种有机酸等被产氢产乙酸细菌分解转化为乙酸、氢气和二氧化碳等。在水解酸化和产氢产乙酸阶段，因有机酸的形成与积累，pH 可下降到 6 以下。而伴随着有机酸和含氮化合物的分解，消化液的酸性逐渐减弱，pH 可回升至 6.5～6.8 左右。

第三阶段是产甲烷阶段。在该阶段，乙酸、乙酸盐、氢气和二氧化碳等被产甲烷细菌转化为甲烷。该过程分别由生理类型不同的两种产甲烷细菌共同完成，其中的一类把氢气和二氧化碳转化为甲烷，而另一类则通过乙酸或乙酸盐的脱羧途径来产生甲烷。

实际上在厌氧反应器的运行过程中，厌氧消化的 3 个阶段同时进行并保持一定程度的动态平衡。这一动态平衡一旦为外界因素（如温度、pH、有机负荷等）所破坏，则产甲烷阶段往往出现停滞，其结果将导致低级脂肪酸的积累和厌氧消化进程的异常。

2. 厌氧生物处理过程中的影响因素

根据生理特性的不同，可粗略地将厌氧生物处理过程中发挥作用的微生物类群分为产乙酸细菌和产甲烷细菌。产乙酸细菌对环境因素的变化通常具有较强的适应性，而且增殖速度较快。产甲烷细菌不但对生长环境要求苛刻，而且其繁殖的世代周期也更长。厌氧过程的成败和消化效率的高低主要取决于产甲烷细菌。因此，在考察厌氧生物处理过程的影响因素时，大多以产甲烷细菌的生理、生态特征为着眼点。影响厌氧处理效率的基本因素有温度、酸碱度、氧化还原电位、有机负荷、厌氧活性污泥浓度及性状、营养物质及微量元素、有毒物质和泥水混合接触状况等。

3.厌氧法的工艺和反应器

厌氧法工艺按微生物生长状态可分为厌氧活性污泥法和厌氧生物膜法；按投料、出料及运行方式可分为分批式、连续式和半连续式。厌氧活性污泥法包括普通消化池、厌氧接触工艺、上流式厌氧污泥床反应器等；厌氧生物膜法包括厌氧滤池、厌氧流化床、厌氧生物转盘等。

(1)普通厌氧消化池。

普通消化池(Common digester)又称传统或常规消化池。消化池常用密闭的圆柱形池，废水定期或连续进入池中，经消化的污泥和废水分别由消化池底和上部排出，所产沼气从顶部排出。池径从几米至三四十米，柱体部分的高度约为直径的1/2，池底呈圆锥形，以利排泥。为使进水与微生物尽快接触，需要一定的搅拌。常用的搅拌方式有3种：①池内机械搅拌；②沼气搅拌；③循环消化液搅拌。

普通消化池的特点：可以直接处理悬浮固体含量较高或颗粒较大的料液；厌氧消化反应与固液分离在同一个池内实现，结构较简单。

(2)厌氧滤池。

厌氧滤池(Anaerobic filter)又称厌氧固定膜反应器，是20世纪60年代末开发的新型高效厌氧处理装置。滤池呈圆柱形，池内装放填料，池底和池顶密封。厌氧微生物附着于填料的表面生长，当废水通过填料层时，在填料表面厌氧生物膜的作用下，废水中的有机物被降解，并产生沼气，沼气从池顶部排出。废水从池底进入，从池上部排出，称为升流式厌氧滤池；废水从池上部进入，以降流的形式流过填料层，从池底部排出，称为降流式厌氧滤池。

厌氧生物滤池的特点：①由于填料为微生物附着生长提供了较大的表面积，滤池中的微生物量较高，又因生物膜停留时间长，平均停留时间长达100 d左右，因而可承受的有机容积负荷高，COD容积负荷为2～16 kg(COD)/(m^3·d)；②废水与生物膜两相接触面大，强化了传质过程，因而有机物去除速度快；③微生物固着生长为主，不易流失，因此不需污泥回流和搅拌设备；④启动或停止运行后再启动比前述厌氧工艺法时间短；⑤处理含悬浮物浓度高的有机废水易发生堵塞，尤以进水部位更严重。因此，进水悬浮物质量浓度不应超过200 mg/L。

(3)厌氧生物转盘和挡板反应器。

厌氧生物转盘(Anaerobic biological disc)的构造与好氧生物转盘相似，不同之处在于盘片大部分(70%以上)或全部浸没在废水中，为保证厌氧条件和收集沼气，整个生物转盘设在一个密闭的容器内。

厌氧挡板反应器(Anaerobic baffled reactor)是从研究厌氧生物转盘发展而来的，生物转盘不转动即变成厌氧挡板反应器。挡板反应器与生物转盘相比，可减少盘的片数和省去转动装置。

厌氧生物转盘的特点：①厌氧生物转盘内微生物浓度高，因此有机物容积负荷高，水力停留时间短；②无堵塞问题，可处理较高浓度的有机废水；③不需回流，动力消耗低；④耐冲击能力强，运行稳定，运转管理方便。挡板反应器如图 2.29 所示。

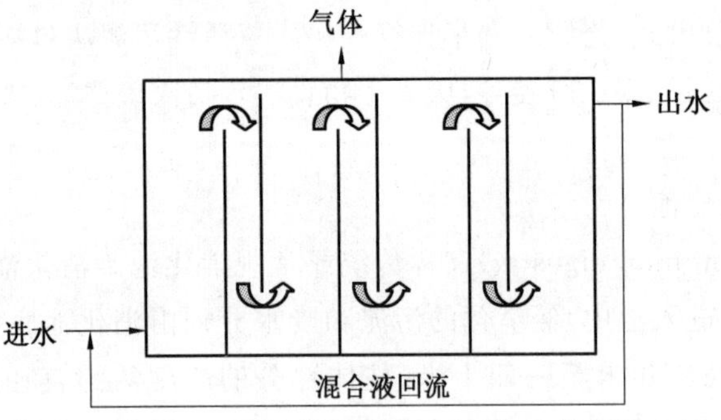

图 2.29　挡板反应器

(4)上流式厌氧污泥床反应器。

上流式厌氧污泥床(Upflow anaerobic sludge blanket，UASB)反应器，是由荷兰的 G. Lettnga 等人在 20 世纪 70 年代初研制开发的。UASB 反应器以其独特的特点，成为世界上应用最为广泛的厌氧生物处理方法。从 UASB 反应器首次建立生产性装置以来，全世界已有超过 600 座 UASB 反应器投入使用，其处理的废水几乎囊括了所有有机废水。污泥床反应器内没有载体，是一种悬浮生长型的消化器。其主要的特点有：反应器负荷高，体积小，占地少；可以不添加或少添加营养物质；能耗低，产生的甲烷可以作为能源利用；不产生或产生很少的剩余污泥；规模可大可小，操作灵活方便。

UASB 反应器的机构可以分为污泥床、污泥悬浮层、三相分离器和沉淀区 4 个部分。废水由底部进入反应器，UASB 反应器能去除的有机物 70% 在污泥床中完成，剩下的 30% 在污泥悬浮层内去除，被气泡挟带的污泥在三相分离器内实现气固分离，一些沉降性能好、活性高的污泥由沉淀区返回反应器，而沉降性能差、活性低的污泥则被冲洗出反应器，保证了活性高的污泥的基质利用，从而实现淘劣存优的效果。上流式厌氧污泥床如图 2.30 所示。

上流式厌氧污泥床的池形有圆形、方形和矩形。小型装置常为圆柱形，底部呈锥形或圆弧形。大型装置为便于设置气、液、固三相分离器，则一般为矩形，高度一般为 3～8 m，其中污泥床为 1～2 m，污泥悬浮层为 2～4 m，多用钢结构或钢筋混凝土结构。

UASB 反应器良好的污染物去除效果(一般 80% 以上)是依靠反应器中形成的厌氧颗粒污泥实现的。厌氧颗粒污泥性状各异，大多数具有相对规则的球形或椭球形，直径在 0.15～5 mm 之间，颜色通常呈黑色或灰色，沉降性能良好，文献报道其沉降速度的典型范围是 18～100 m/h。颗粒污泥本质上是多种微生物的聚集体，主要由厌氧微生物组成，是颗粒污泥中参与分解复杂有机物的主要微生物。

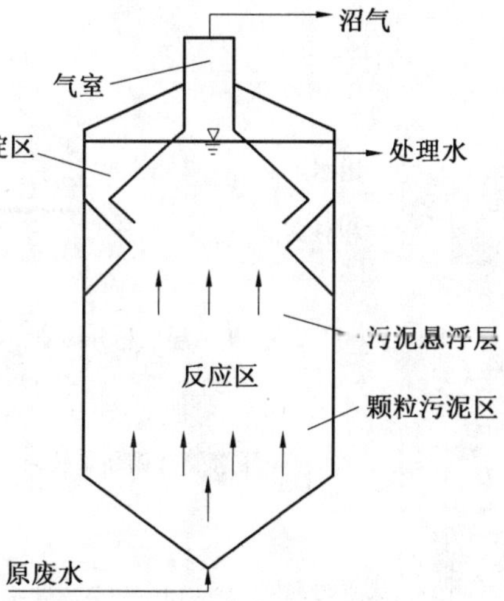

图 2.30 上流式厌氧污泥床

颗粒污泥的形成过程即颗粒化过程是单一分散厌氧微生物聚集生长成颗粒污泥的过程，是一个复杂而且持续时间较长的过程，可以看成是一个多阶段的过程。首先是细菌与基体(可以是细菌，也可以是有机或无机材料)相互吸引粘连，这是污泥形成的开始阶段，也是决定污泥结构的重要阶段。细菌与基体接近后，通过细菌的附属物如菌丝和菌毛等，或通过多聚物的粘连，将细菌黏接到基体上。随着粘接到基体上的细菌数目的增多，开始形成具有初步代谢作用的微生物聚集体。微生物聚集体在适宜的条件下，各种微生物大量繁殖，最后形成沉降性能良好、产甲烷活性高的颗粒污泥。

(5)厌氧污泥膨胀床反应器和内循环厌氧反应器

厌氧污泥膨胀床(Anaerobic expanded sludge bed)反应器和内循环厌氧(Internal circulation anaerobic)反应器已成功应用于多项工程实践，如图 2.31 所示。

厌氧颗粒污泥膨胀床反应器虽然在结构形式、污泥形态等方面与 UASB 反应器非常相似，但其工作运行方式与 UASB 反应器显然不同，主要表现在上流式厌氧污泥床(UASB)反应器一般采用 2.5～6 m/h 的液体表面上升流速(最高可达 10 m/h)，高 COD 负荷(8～15 kg(CODcr)/(m^3 · d))。高的液体表面上升流速使颗粒污泥床层处于膨胀状态，不仅使进水能与颗粒污泥充分接触，提高了传质效率，而且有利于基质和代谢产物在颗粒污泥内外的扩散和传送，保证了反应器在较高的容积负荷条件下正常运行。膨胀颗粒污泥床 EGSB 反应器实质上是固体流态化技术在有机废水生物处理领域的具体应用。EGSB 反应器的工作区为流态化的初期，即膨胀阶段(容积膨胀率为 10%～30%)，在此条件下，进水流速较低，一方面可保证进水基质与污泥颗粒的充分接触和混合，加速生化反应进程，另一方面有利于减轻或消除静态床(如 UASB)中常见的底部负荷过重的状况，增加反应器对有机负荷特别是对毒性物质的承受能力。EGSB 反应器适用范围广，可用于悬浮固体(SS)含量高和对微生物有抑制性的废水处理，在低温和处理低浓度有机废水时有明显优势。

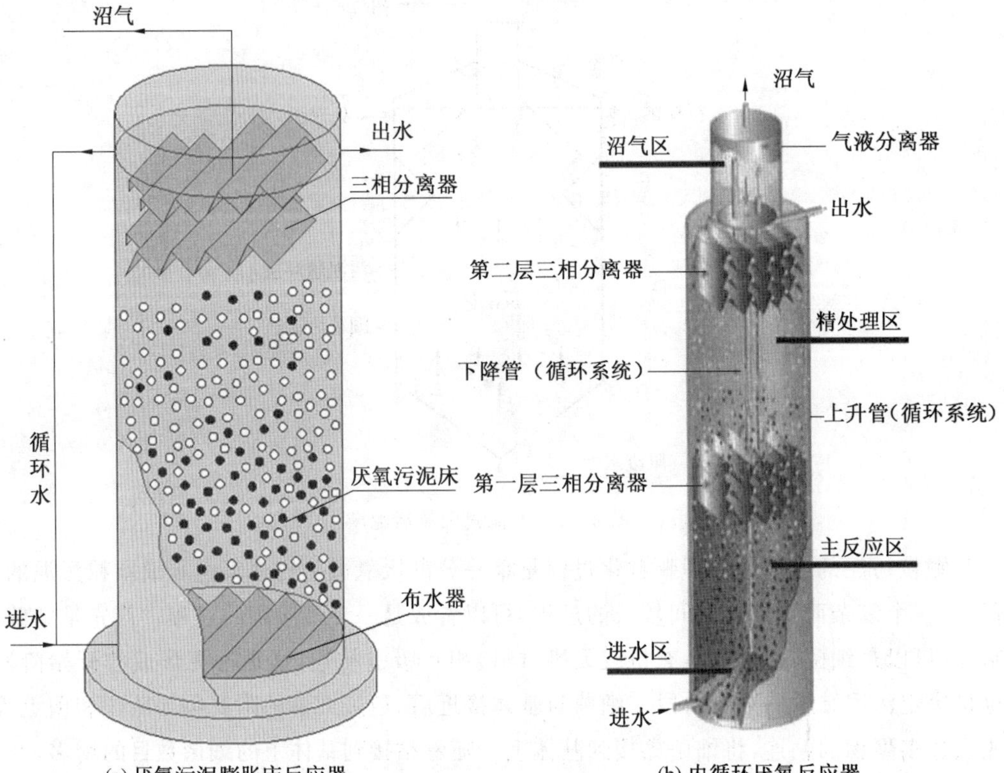

图 2.31　厌氧污泥膨胀床反应器和内循环厌氧反应器

内循环厌氧反应器构造的特点是具有很大的高径比，一般可达 4～8，反应器的高度达到 20 m 左右。整个反应器由第一厌氧反应室和第二厌氧反应室叠加而成。每个厌氧反应室的顶部各设一个气、固、液三相分离器。第一级三相分离器主要分离沼气和水，第二级三相分离器主要分离污泥和水，进水和回流污泥在第一厌氧反应室内进行混合。第一反应室有很大的去除有机物能力，进入第二厌氧反应室的废水可继续进行处理，去除废水中的剩余有机物，提高出水水质。内循环厌氧反应器具有极高 COD 负荷（15～25 kg (CODcr)/(m^3 · d)），结构紧凑，节省占地面积，借沼气内能提升实现内循环，不必外加动力，抗冲击负荷能力强，具有缓冲 pH 的能力，出水稳定性好，可靠性高，基建投资低。

2.2.4　新型污水处理技术

1. 膜生物反应器

膜生物反应器(Membrane biological reactor，MBR)是将膜技术与处理污水的生物反应器相结合，用于固体的分离与截留，用于在反应器中进行无泡曝气和从工业污水中萃取优先污染物。它把膜分离工程与生物工程结合起来，用高效膜分离技术代替传统生物处理中的二次沉淀池，可排除单独灭菌过程的必要性，具有污染物去除效率高、出水水质好、生物反应器内的微生物浓度高的优点。典型的组件排列是生物反应器加膜过滤组件，通过该系统循环活性污泥，渗透液可通过膜被抽出。此外，膜也可以放在生物反应器内，吹入反应器的空气可减少膜污染。膜生物反应器作为一种新型的高效污水处理技术，日益受到各国水处理技术研究者的关注。膜生物反应器主要包括两种类型，如图 2.32 所示。

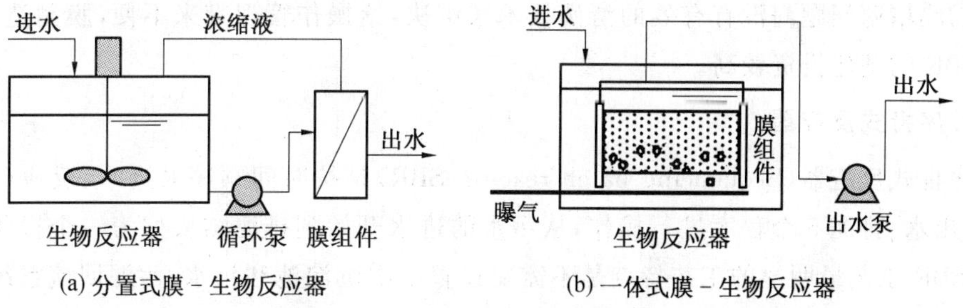

图 2.32　两类膜－生物反应器

(1)MBR 原理。

MBR 集生物反应器的生物降解和膜的高效分离于一体，是膜技术和污水生物处理技术有机结合产生的新型高效污水生物处理工艺。其工作原理是利用反应器的好氧微生物降解污水中的有机污染物；同时，利用反应器内的硝化细菌转化污水中的氨氮，以去除污水中产生的异味（污水中的异味主要由氨氮产生）；最后，通过中空纤维膜进行高效的固液分离出水。MBR 工艺通过膜分离技术大大强化了生物反应器的功能，与传统的生物处理方法相比，具有生化效率高、抗负荷冲击能力强、出水水质稳定、占地面积小、排泥周期长、易实现自动控制等优点，是目前最有前途的污水回用处理技术之一。铁路机务部门污水经气浮、过滤工艺处理后，可直接由过滤泵送至 MBR 处理，出水进入储水池消毒即可回用或排放。MBR 的少量排泥可委托具有危险废物处置资质的企业进行处置。

(2) MBR 的优缺点。

①出水水质良好稳定，可直接回用。由于采用了膜分离技术，高效的固液分离将废水中悬浮物质、胶体物质与已净化的水分开，可拦截去除大部分致病菌，减少药剂用量，使悬浮物和浊度接近于零。因此，适合用于中水回收，具有较高的水质安全性。

②占地面积小，容积负荷高，水力停留时间短。膜生物反应器由于采用了膜组件，不需要沉淀池和专门的过滤单元，因而占地面积较小，并且无污泥沉降性问题。系统中混合液悬浮固体浓度（MLSS）维持较高水平，大大提高了系统的容积负荷，使得系统的抗负荷冲击能力增强，可有效处理高浓度有机废水。同时，泥龄（SRT）将提高，相对水力停留时间（HRT）可大为减少，而难降解的大颗粒物质在处理池中亦可不断反应而降解。因此，MBR 通过膜分离技术可最大限度地强化生物反应的功能。

③排泥周期长，在生物自解下污泥量少，操作运行费用低，低能耗且易于自动化控制。MBR 能将污泥完全截留在生物反应器内，实现不排泥操作——污泥零排放。MBR 经膜的过滤作用可去除细菌、病毒等有害物质，显著节省加药消毒所带来的长期运行费用，且

不需加入絮凝剂，减少运行成本。MBR 对氧的高利用效率及其间歇性运行方式，大大减少了曝气设备的运行时间和用电量。

④MBR 膜设备结构简单，可以一体化组装，实现了集约化、小型化和自动化，并可就地处理、回用中水。

⑤膜堵塞问题尚没有有效的清洗技术来解决，给操作管理带来不便，膜制造成本偏高，MBR 的基建投资较高。

2. 序批式反应器

序批式反应器(Sequencing batch reactor，SBR)是按时间顺序对进水、反应(曝气)、沉淀、出水、排泥 5 个程序进行操作，从污水的进水开始到排泥结束称为一个操作周期。因此 SBR 工艺最明显的工艺特点是不需要设置二次沉淀池和污水、污泥回流系统；通过程序控制调节运行周期使运行稳定，并实现除磷脱氮；占地少，投资省，基建和运行费用低，适合于中小水量污水处理的工艺。但由于该工艺是稳定状态下运行的活性污泥工艺，产业化运用时间较短，尚无十分成熟的设计、运行、治理经验，因此 SBR 工艺是一种尚处于发展、完善阶段的技术。SBR 运行工况如图 2.33 所示。

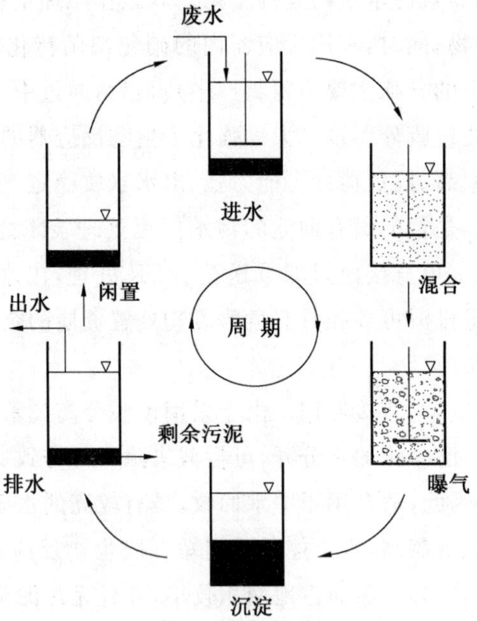

图 2.33 SBR 运行工况

(1)SBR 工艺原理。

在反应器内预先培养驯化一定量的活性污泥，当废水进入反应器与活性污泥混合接触并有氧存在时，微生物利用废水中的有机物进行新陈代谢，将有机物降解并同时使微生物细胞增殖。将微生物细胞物质与水沉淀分离，废水即得到处理。其处理主要由初期的去除与吸附、微生物的代谢、絮凝体的形成与絮凝沉淀等几个净化过程完成。SBR 的每个工作阶段的作用及原理分述如下。

混合阶段:混合阶段的作用是将原污水与 SBR 中存留的活性污泥充分混合。

曝气阶段:是通过微生物与污水中营养物质相互作用,降解污水中有害物质的过程。以降低污水中 COD 和 BOD 指标为目的,一般只设曝气好氧过程。对于具有除磷脱氮要求的有机废水处理工艺,除了低 COD 和 BOD_5 外,还要求降低 TP、TN,必须设计成厌氧与好氧相结合的操作过程。

沉淀阶段:这一过程依靠自然重力沉降达到泥水分离的目的。

排水阶段:将沉淀后的上清液排出反应器之外,保证上清液排出。

闲置阶段:使污泥恢复活性,增强污泥的吸附再生能力,增强反应阶段生物处理效果。

(2) SBR 的优点。

与传统污水处理工艺不同,SBR 技术采用时间分割的操作方式替代空间分割的操作方式,以非稳定生化反应替代稳态生化反应,以静置理想沉淀替代传统的动态沉淀。它的主要特征是在运行上的有序和间歇操作,SBR 技术的核心是 SBR 反应池,该池集均化、初次沉淀、生物降解、二次沉淀等功能于一池,无污泥回流系统。正是 SBR 工艺这些特殊性使其具有以下优点。

①理想的推流过程使生化反应推动力增大,效率提高,池内厌氧、好氧反应处于交替状态,净化效果好。

②运行效果稳定,污水在理想的静止状态下沉淀,需要时间短,效率高,出水水质好。

③耐冲击负荷,池内有滞留的处理水,对污水有稀释、缓冲作用,有效抵抗水量和有机污物的冲击。

④工艺过程中的各工序可根据水质、水量进行调整,运行灵活。

⑤处理设备少,构造简单,便于操作和维护管理。

⑥反应池内存在 DO、BOD_5 浓度梯度,有效控制活性污泥膨胀。

⑦SBR 法系统本身也适合于组合式构造方法,利于废水处理厂的扩建和改造。

⑧适当控制运行方式,可实现好氧、缺氧、厌氧状态交替,具有良好的脱氮除磷效果。

⑨工艺流程简单,造价低。

2.3　城市污水处理系统

2.3.1　城市污水常规处理系统

城市污水(Municipal wastewater)是排入城市污水系统的污水总称,其中包括生活污水、工业污水和降雨等组成部分。城市污水处理目的是采用各种技术与手段(或称处理单元),将污水中所含的污染物质分离去除、回收利用,或将其转化为无害物质,使水得到净化，从而降低或消除对城市周边水环境的污染。

城市污水处理系统(Municipal wastewater treatment system)是一项涉及生物、化学、物理等多项学科的综合性技术，其工艺机理较为复杂。城市污水常规处理系统如图 2.34 所示。污水处理工艺包括一级处理、二级处理和污泥处理。

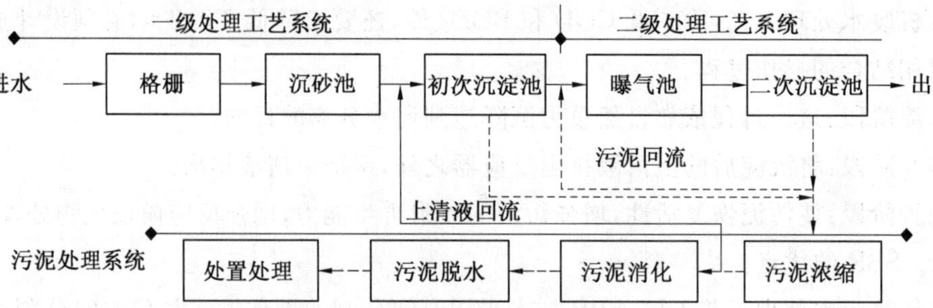

图 2.34　城市污水常规处理系统

各级处理工艺及特点介绍如下。

1. 一级处理(物理法)

利用物理作用处理、分离和回收污水中的悬浮固体(SS)和泥砂，主要设备有格栅、筛网、沉砂池、初次沉淀池、水泵、除渣机等。物理法工艺过程的变化较快，在此过程中能去除 20%～30%的有机物和 60%～70%的 SS 以及 90%以上的病毒微生物。一级处理(Primary treatment)过程不仅能有效地处理污水中的有机污染物、SS、沉砂、病毒等，还能有效地保护后续工艺的正常运行。

2. 二级处理(生化法)

生化法是利用微生物能够降解代谢有机物的作用，来处理污水中呈溶解或胶体状的有机污染物质，是城市污水处理厂进行污水处理的核心技术。目前城市污水处理厂仍以活性污泥法为主，也有较少的小型城市污水处理厂采用生物膜法。通过二级处理(Secondary treatment)可去除污水中约 90%的 SS 和约 95%的生化需氧量(BOD)。其中主要构筑物包括曝气池、二次沉淀池、污泥回流系统和风机房等部分。

3. 污泥的处理与处置

污泥的处理与处置是废水生物处理过程中带来的次生问题。一般情况下，城市污水处理厂产生的污泥约为处理水体积的 0.5%～1.0%，污泥产生量较大。特别是这些大量污泥中往往含有相当多的有毒有害有机物、寄生虫卵、病原微生物、细菌以及重金属离子等，若不处理而随意堆放，将对周围环境造成二次污染。

城市污水处理厂所产生的污泥主要来自初次沉淀池和二次沉淀池。对污泥的处理与处置方法和工艺主要包括污泥调理、污泥浓缩、污泥脱水、污泥干燥、污泥焚烧或资源化利用等，在此过程中还会产生甲烷等气体。

2.3.2　城市污水深度及强化处理系统

1. 三级处理(深度处理)

近些年来,随着氮、磷等元素污染导致的水体富营养化问题和污水排放标准的不断严格,对污水进行深度处理(Advanced treatment)已经成为发展趋势。利用各种技术对城市污水处理厂二级生物处理排出的污水进行深度处理,主要是为了去除二级生物处理厂出水中的氮、磷、悬浮物质、胶体和一些难降解有机污染物,以及对出水中的微生物进行消毒。污水进行深度处理技术主要包括过滤、膜过滤、活性炭吸附、离子交换和高级氧化技术等。城市污水深度处理对控制水体的富营养化具有非常重要的意义。

2. 城市污水一级强化处理

强化城市污水处理厂一级处理效果是目前研究的热点,以往城市污水处理厂一级处理工艺主要用于去除漂浮物(如毛发、塑料等)、重力大的物质(如砂子、煤渣等)以及一些容易沉降的悬浮物等,如磷、氮、胶体、重金属等去除效果很有限,给城市污水处理厂的二级处理和三级处理工段带来了很大的压力。但是一级处理工艺段所占的面积也较大,所以城市污水厂通过强化一级处理,对提高城市污水处理厂的处理效果、处理水量以及降低城市污水处理厂的占地面积有积极意义。城市污水一级强化处理(Enhanced primary treatment)最普遍使用的方法是在沉淀池前投加药剂,通过投加药剂提高沉淀池的沉淀效果,进而提高污染物的处理效果。目前利用化学强化沉淀法提高城市污水厂一级处理效果,所投加的药剂主要包括铁系和铝系的混凝剂,有时也与高分子有机絮凝剂(如聚丙烯酰胺等)等配合使用,以获得更好的处理效果。

虽然我国环保投资呈逐年增加趋势,但水环境污染的日益加剧和经济发展水平的相对较低,决定了我国中小城市的污水处理在相当长一段时间内(污水排放量约占城市污水总量的 70%)不可能普遍采用二级生物处理,只有在一级处理基础上进行强化,削减总体污染负荷,探索出适合我国国情的"高效低耗"城市污水处理新技术和新工艺。化学强化一级处理、生物絮凝吸附强化一级处理和化学－生物联合絮凝强化一级处理正是在此背景下研究出来的,在近期亟待解决城市污水污染问题上,具有十分重要的现实意义。

2.4　工业废水处理技术

工业废水(Industrial wastewater)是指在工业生产过程中所排放的废水。工业企业历来是排污大户,其各大生产工序均需要大量的水来进行生产。工业废水的来源一般按行业划分,如食品工业废水、化工行业废水、造纸工业废水、生物制药废水、石油工业废水、冶金工业废水等。根据工业废水中所含污染物质的不同,又可以分为有机废水、无机废水、混合废水、放射性废水等。

工业废水是最重要的污染源，废水中含有多种有害成分，主要包括耗氧性有机物、悬浮固体、微量有机物、重金属、氰化物及有毒有机物、氮、磷、油以及挥发性物质等。不同行业废水由于自身的生产工艺差别较大，废水中主要污染物也各不相同。

2.4.1 工业废水的特点

(1)排放量大、污染范围广、排放方式复杂。

工业生产用水量大，相当一部分生产用水中都带有一定量的原料、中间产物、副产物及产物等。工业企业遍布全国各地，污染范围广；而且排放方式复杂，有间歇式排放的、连续式排放的和无规律排放的，给水污染控制带来了很大的不便。

(2)污染物种类繁多、浓度波动幅度大。

由于工业产品品种多，因此工业生产过程中排放的污染物也很多，不同污染物的性质有很大差异，浓度也相差甚远。

(3)污染物质有毒性、刺激性和腐蚀性，pH 变化幅度大，悬浮物和营养元素浓度大。

被酸碱类污染的废水有刺激性和腐蚀性，而有机物能消耗水体中的溶解氧，使受纳水体缺氧而导致生态系统破坏；还有一些工业废水中含有大量的氮、磷等污染物，排入水体后会导致水体产生富营养化问题。

(4)污染物排放后迁移变化规律差异大。

工业废水中所含各种污染物物理性质和化学性质差别较大，有些还具有较强的毒性、较大的蓄积性和较高的稳定性。污染物一旦排放，其迁移变化规律很不相同，有的沉积于水底，有的挥发转入大气，有的富集于生物体内，有的则分解转化为其他物质，造成二次污染。如金属汞排入水体后会在某些微生物的作用下产生甲基化，形成甲基汞，其毒性比金属汞的毒性强得多。

2.4.2 工业废水的处理和控制

对于工业废水的处理与控制可根据工业废水的水质水量、排放特点、施工场地、废水出路及最终用途等来选择合适的水处理工艺和方法。一般在城市污水处理中使用的方法在工业废水的处理中均有使用，如活性污泥法、生物膜法等。但是由于工业废水的水质差异过大，所以根据水质水量的不同，可选择不同的工艺和运行方式。如排放浓度高的稳定有机废水则可以以厌氧＋好氧联合处理的方法，并连续运行；如有机物浓度高，污水排放规律性较差，则可以选择好氧生物处理方法，以间歇运行方式运行。但是当某工业污水中具有较高浓度的金属离子，而有机物浓度较低时，则应该采取电渗析的方法或离子交换法。总体来说，工业废水的处理要具体情况具体分析，择优选择适当的工艺和适当的运行方式。

复习思考题

1.试述滤池的工作原理。

2.沉淀的类型有哪些？各有什么特点？各应用于哪类污水处理厂？

3.阐述吸附法工作原理。常见的吸附剂有哪些？

4.混凝原理包括哪几个方面？混凝法主要用于去除水中哪些污染物？

5.混凝剂有哪些种类？各自的价格是多少？

6.简述二氧化氯消毒作用的机理。

7.试述活性污泥法去除污染物的过程和原理。

8.活性污泥法的一般流程是什么？

9.常见的生物膜法有哪些类型？各自的原理是什么？

10.阐述膜生物反应器的工作原理。

第3章　大气污染及其控制

大气污染是随着产业革命的兴起、现代工业的发展、城市人口的增加、煤炭和石油燃料消耗的迅猛增长而产生的。目前，全球大气污染的主要问题包括二氧化碳等温室气体的大量排放诱发的全球变暖(温室效应)以及酸雨与臭氧层破坏。全球性大气污染问题所关心的问题与传统的“公害问题”是不同的，它不仅对处在产生源附近的生物有害，而且还会进行长距离传输，并存于一个很广阔的时间、空间范围内，给环境造成影响，以致改变全球的自然环境。

3.1　大气污染概述

3.1.1　大气污染的定义

大气污染又称为空气污染，根据国际标准化组织(ISO)给出的定义，“大气污染通常系指由于人类活动和自然过程引起某种物质进入大气中，呈现出足够的浓度，达到足够的时间，并因此而危害了人体健康、舒适感或环境的现象。”世界卫生组织对空气污染的定义是，“空气污染是由能够改变空气自然特性的任何化学、物理或生物物质对室内或室外环境造成的污染。”尽管不同组织对空气污染的定义略有差别，但空气污染主要指空气中含有一种或多种污染物，其存在的量、性质及时间会伤害到人类、植物及动物的生命，损害财物或干扰舒适的生活环境。因此，只要是某一种物质在空气中的存在量、性质及时间足够对人类或其他生物、财物产生影响，就可以称其为空气污染物。这些物质在空气中不正常的增量导致的生态系统和人类正常生活条件的破坏，就是大气污染现象。

3.1.2　大气污染的成因

大气污染的成因按来源可分为自然因素(如森林火灾、火山爆发、有机质分解、地壳放射性衰变释放的氡气等)(图 3.1)和人为因素(如工业废气、生活燃煤、汽车尾气、核爆炸等)两种。随着工业的发展，大气环境不断恶化主要是由工业生产和交通运输等人类活动造成的。随着人类经济活动和生产的迅速发展，在大量消耗能源的同时，也将大量的废气、烟尘物质排入大气，严重影响了大气环境的质量，特别是在人口稠密的城市和工业区域，如图 3.2 所示。

(a) 汽车上的火山灰

(b) 森林火灾

图 3.1　自然因素引起的大气污染

图 3.2　工业生产过程中产生的大气污染现象

大气污染的主要过程由污染源排放、大气传播、人与物受害这 3 个环节所构成。影响大气污染范围和强度的因素有污染物的性质（物理的和化学的）、污染源的性质（排放源强、源高、排放源内温度、排气速率等）、气象条件（风向、风速、温度层等）和地表性质（地形起伏、粗糙度、地面覆盖物等）。

3.1.3　大气污染的类型及其特征

根据大气污染的影响范围来划分，大气污染可分为 4 类。局部污染如烟囱排烟；地区性污染如工业区及其附近地区的大气污染；广域性污染：比一个城市更广泛地区的大气污染；全球性污染：由于大气的传输性，导致了全球范围的大气污染。

根据能源性质和大气污染物组分来划分，大气污染可分为以下 4 类。

1. 煤烟型污染

煤烟型污染是指由煤炭燃烧排放出的烟尘、二氧化硫等一次污染物以及再由这些污染物发生化学反应而生成硫酸及其盐类所构成的气溶胶等二次污染物所构成的污染。发生于 1952 年伦敦烟雾事件的直接原因是燃煤产生的二氧化硫和粉尘污染，间接原因是开始于 1952 年 12 月 4 日的逆温层所造成的大气污染物蓄积。此次事件造成伦敦市死亡人数达 4 000 人，为煤烟型空气污染的典型事件。目前，我国的大气污染以煤烟型污染为主,主要的污染物是烟尘和二氧化硫,此外还有氮氧化物和一氧化碳等。

2. **石油型污染**

石油型污染是指污染物来自石油化工产品,如汽车尾气、油田及石油化工厂的排放物,这些污染物在阳光照射下发生光化学反应,并形成光化学烟雾,从而造成大气污染。光化学烟雾是由氮氧化物、碳氢化合物在强太阳光作用下发生光化学反应形成烯烃、氮氧化物以及烷、醇等一次污染物,又以 NO_2 光解生成氧原子的反应为引发,导致了臭氧的生成,最终产物是醛、O_3、过氧硝酸乙酰酯(PAN)等二次污染物。1946 年美国洛杉矶首先发生了严重的光化学烟雾污染事件,故又称“洛杉矶型烟雾”。随着工业发展和人口剧增,洛杉矶在 20 世纪 40 年代初就有汽车 250 万辆,每天消耗汽油 1 600 万 L。

3. **混合型污染**

此类污染是能源由煤炭向石油型过渡的阶段,它取决于一个国家的能源发展结构和经济发展速度,包括以煤炭为主要污染源而排放出的烟气、粉尘、二氧化硫及其他氧化物所形成的气溶胶和以石油为主要污染源而排出的烯烃和二氧化氮为主的污染物。

4. **特殊型污染**

特殊型污染是指某些工矿企业排放和发生意外故事释放的特殊气体所造成的大气污染,如氯气、金属蒸汽或硫化氢、氟化氢等气体。

3.1.4　大气污染物

1. **大气污染物的定义**

大气污染物是指由于人类活动和自然过程排入大气中,并对人或环境产生有害影响的那些物质。凡是能使空气质量变坏的物质都是大气污染物。大气中不仅含有 SO_2、NO_x、CO、TSP 等无机污染物,而且含有 VOCs 等有机污染物。随着人类不断开发新的物质,大气污染物的种类和数量也在不断变化。

2. **大气污染物的分类**

对环境产生影响的大气污染物种类繁多。根据污染物的产生途径,可将大气污染物分为一次污染物与二次污染物;按其存在状态分为气溶胶态污染物和气态污染物两大类。

(1)根据污染物的产生途径分类。

①一次污染物。

一次污染物是指直接从多种排放源进入大气中的各种气体、蒸汽和颗粒物等有害物质。主要的大气一次污染物是二氧化硫、一氧化碳、氮氧化合物、颗粒物、碳氢化合物等。颗粒物中包含苯并芘(a)等强致癌物质、有毒重金属、多种有机或无机化合物。

一次污染物分为反应物质和非反应物质。反应物质不稳定,在大气中常与某些其他污染物产生化学反应,或者作为催化剂促进其他污染物之间的反应。非反应物质不发生反应或者反应速度迟缓。

②二次污染物。

二次污染物是指排入环境中的一次污染物在物理因素、化学因素或生物因素的作用下发生变化，或与环境中的其他物质发生反应所形成的物理、化学性状与一次污染物不同的新污染物。如一次污染物 SO_2 在空气中氧化成硫酸盐气溶胶，汽车排气中的氮氧化物、碳氢化合物在日光照射下发生光化学反应生成的臭氧、过氧乙酰硝酸酯、甲醛和酮类等二次污染物。二次污染物毒性比一次污染物还强。最常见的二次污染物有硫酸及硫酸盐气溶胶、硝酸及硝酸盐气溶胶、臭氧、醛类和过氧乙酰硝酸酯等。

(2)按其物理状态分类。

①气溶胶态污染物。

气溶胶态污染物系指固体粒子、液体粒子或它们在气体介质中的悬浮体。气溶胶态污染物主要有以下几种。

粉尘：指悬浮于气体介质中的小固体粒子，粒径为 1～200 μm，因重力作用发生沉降，但在某段时间内能保持悬浮状态，如黏土粉尘、水泥粉尘、煤粉等。

烟：一般指由冶金过程中形成的固体粒子，是由熔融物质挥发后生成的冷凝物，粒径为 0.01～1 μm。

飞灰：指随燃烧产生的烟气中飞出的较细的灰分。

黑烟：指由燃烧产生的能见气溶胶。

雾：是气体中液滴悬浮体的总称，如水雾、酸雾、碱雾等。

②气态污染物。

气态污染物是指以分子状态存在的污染物。气态污染物种类很多，常见的有5类，包括以二氧化硫为主的含硫化合物（SO_2、H_2S），以氧化氮和二氧化氮为主的含氮化合物（NO、NO_2），碳的氧化物（CO、CO_2），碳氢化合物（C_mH_m、醛、酮等），卤化合物（HF、HCl）。

3.2 大气污染的危害

大气污染是当前世界最主要的环境问题之一，其对材料、人类健康、工农业生产、动植物生长和全球环境等都将造成很大的影响，主要表现在以下几个方面。

3.2.1 大气污染物对材料的影响

空气污染造成材料破坏的机制有5种，分别为磨损作用、沉积和洗除作用、直接化学破坏作用、间接化学破坏作用和电化学腐蚀作用。

1. 磨损作用

较大的固体颗粒在材料表面高速运动会引起材料的表面磨损。除了暴风雨中的固体颗粒和从武器射击出的铅粒，一般大多数空气污染物的颗粒或尺寸太小，或运动速度不够快，所以不易造成材料表面的磨损。

2. **沉积和洗除作用**

沉积在材料表面的小液滴和固体颗粒会导致一些纪念碑和建筑物美学价值的破坏。例如空气中过量的二氧化硫会使大理石的雕刻产生变化而剥落，从而破坏古迹。对于大部分的材料，表面清洗都会引起损伤。

3. **直接化学破坏作用**

溶解和氧化还原反应可导致直接化学破坏，通常水为反应介质。二氧化硫及三氧化硫在有水存在时，与石灰石反应可生成石膏和硫酸钙，而硫酸钙和石膏比碳酸钙易溶于水，易被雨水溶解。硫化氢使银变黑是典型的氧化还原反应。

4. **间接化学破坏作用**

当污染物被吸附在材料表面并且形成破坏性化合物时，则发生对材料的间接化学破坏。产生的破坏性化合物可能是氧化剂、还原剂或溶剂。这些化合物会破坏材料晶格中的化学键因而具有破坏性。皮革在吸收二氧化硫之后变碎，是因为皮革中少量的铁会催化二氧化硫形成硫酸，纸张也有类似现象。

5. **电化学腐蚀作用**

氧化还原反应会使金属材料表面存在局部的化学及物理变化，而这些变化导致金属表面形成微观的阳极和阴极，这些微电极存在电位差，导致发生电化学腐蚀。

3.2.2 大气污染物对生物的影响

大气污染物质可通过人的呼吸道、皮肤上的毛孔和饮食进入人体，其中通过呼吸而侵入人体是主要的途径，主要表现为呼吸道疾病。大气污染对人体的危害大致可分为急性中毒、慢性中毒和致癌 3 种。

大气污染物质可使动物的体质变弱，生长缓慢，中毒甚至死亡。如 1952 年的伦敦烟雾事件，首先发病的是参展的 350 头牛，其中 66 头因呼吸系统严重受损而死亡。还有日本也曾因为大气污染严重使鸟大批死亡，死亡鸟的肺部有大量的黑色烟尘沉积。此外，大气污染物通过降雨降落到土壤和水体中，进入食物链，在植物体内富集，草食类动物食入含有毒物的牧草之后会中毒死亡。

3.2.3 大气污染物对生态环境的影响

1. **酸雨的影响**

近十几年来，不少国家发生酸雨现象，雨雪中酸度增高。这是由于煤和石油的燃烧、汽车的排放导致氮氧化物烟气上升到空中与水蒸气相遇，从而形成硫酸和硝酸雨滴，使雨水酸化，这时落到地面的雨水就形成了酸雨（$pH<5.6$）。

酸雨会给环境带来广泛的危害，使河湖、土壤酸化，农作物、鱼类减少甚至灭绝，森林生长遭受影响；还会造成巨大的经济损失，如腐蚀建筑物和工业设备，破坏露天的文物古迹，腐蚀金属制品、纺织品、皮革制品、油漆涂料、纸制品、橡胶制品等，缩短其使用年限；对某些人类著名的文化遗迹的损害甚至是无法挽回的，如北京故宫、慕尼黑古画廊、英国的白金汉宫等著名建筑遭受到大气污染的严重危害（图 3.3）。

图 3.3　酸雨损坏的土壤与德国雕像

2. 海洋酸化的影响

大气中二氧化碳水平的升高，可能改变海水的化学平衡，使依赖于化学环境稳定性的多种海洋生物乃至生态系统面临巨大威胁。比起工业革命之前，海洋吸收二氧化碳已经导致现代地球表面的海水 pH 大约下降了 0.1。尽管变化很细微，但它将会威胁到位于海洋食物链底层的一些重要生物，从而进一步威胁到地球上最重要的生态系统之一的浅层珊瑚礁和长有碳酸钙躯壳的海洋生物，某些种类浮游生物和珊瑚虫也将在劫难逃。在 pH 较低的海水中，营养盐的饵料价值会有所下降，浮游植物吸收各种营养盐的能力也会发生变化；酸化的海水还会腐蚀海洋生物的身体；海洋酸化（更精确来说，是海洋的微碱状态减弱）也可能导致珊瑚白化（图 3.4）；海洋中有毒金属溶解途径的数量也会增加。

图 3.4　海洋酸化对珊瑚礁的影响（珊瑚已出现白化现象）

3. **温室效应的影响**

由于燃料燃烧使大气中的二氧化碳浓度不断升高，破坏了自然界二氧化碳的平衡而引发温室效应。温室效应致使地球表面温度升高，引起气候变暖，发生大规模的洪水、风暴或干旱；增加夏季的炎热，提高了心血管病在夏季的发病和死亡率；气候变暖会促使南北两极的冰川融化，致使海平面上升，其结果是地势较低的岛屿国家和沿海城市被淹；气候变暖会使地球上沙漠化面积继续扩大，使全球的水和食品供应趋于紧张。

4. **臭氧层的破坏**

过多地使用氯氟烃(用 CFCs 表示)类化学物质是破坏臭氧层的主要原因。氯氟烃是一种人造化学物质，主要用于气溶胶、制冷剂、发泡剂、化工溶剂等。臭氧层被破坏造成地球紫外线辐射量增加，紫外线会破坏包括 DNA 在内的生物分子，还会增加罹患皮肤癌、白内障的概率，而且和许多免疫系统疾病有关；紫外线辐射量的增加会直接引起浮游植物、浮游动物、幼体鱼类以及整个水生食物链的破坏，对水生生态系统影响较大；此外，臭氧层的破坏还可能造成农作物减产、温室效应加剧等危害。

大气污染还会降低能见度，减少太阳辐射(据资料表明，城市太阳辐射强度和紫外线强度要分别比农村减少 10%～30%和 10%～25%)而导致城市佝偻发病率增加；大气污染排放的污染物对局部地区和全球气候都会产生一定影响，从长远看，对全球气候的影响将更为严重。

3.3 大气污染物的控制

大气污染物的种类、来源和性质各不相同，因此控制大气污染物排放的原理及其工艺也各不相同。目前，对大气污染物的控制对象主要包括颗粒物、二氧化硫、氮氧化物、挥发性有机物等。对上述大气污染物的治理原理包括物理、化学或生物的方法，主要技术包括除尘、吸收、吸附、还原、氧化等。

3.3.1 颗粒性污染物的控制理论与典型工艺

1. **机械除尘**

机械除尘是依靠机械力(重力、惯性力、离心力等)将尘粒从气流中去除的方法。机械除尘器的特点是结构简单，设备费和运行费均较低，但除尘效率不高，适用于含尘浓度高和颗粒粒度较大的气流，广泛用于除尘要求不高的场合或用作高效除尘装置的前置预除尘器。按除尘粒径的不同可设计为重力沉降室(捕集粒径大于 50 μm 的粉尘)、惯性除尘器(捕集粒径大于 10 μm 的粉尘)和旋风除尘器(捕集粒径大于 5 μm 的粉尘)。机械除尘器一般作为除尘的预处理设备。各种机械除尘器如图 3.5 所示。

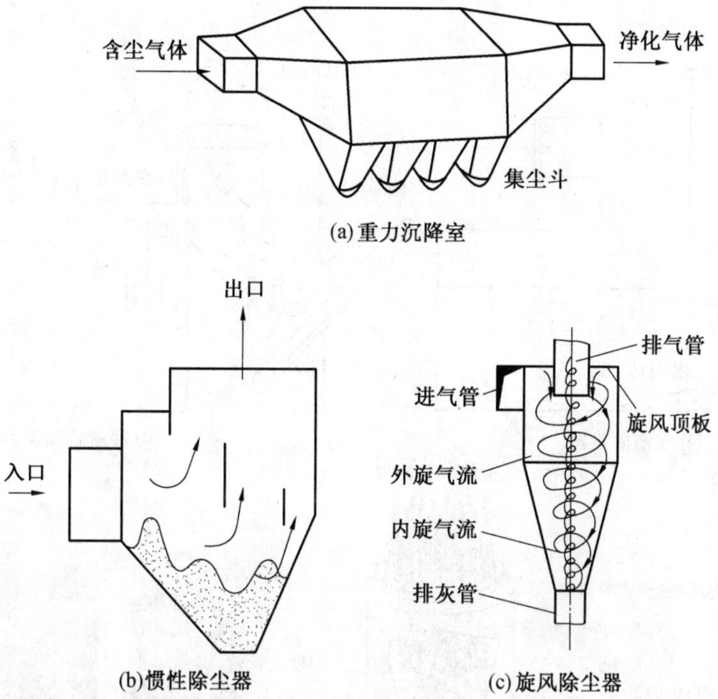

图 3.5 各种机械除尘器

2. 湿式除尘器

湿式除尘器俗称“除雾器”，它是使含尘气体与液体（一般为水）密切接触，利用水滴和颗粒的惯性碰撞，或者利用水和粉尘的充分混合及其他作用，捕集颗粒或使颗粒增大后留于固定容器内达到粉尘分离效果的装置，主要用于捕集粒径大于 1 μm 的粉尘。高湿烟气和亲水性粉尘的净化，可以选择湿式除尘器；不适用于疏水性粉尘、遇水后产生可燃或有爆炸危险、容易结垢的粉尘。

湿式除尘是将大气中的粉尘和某些酸性气体溶入水体或某些特定溶液中，达到气体净化的目的。但是湿式除尘存在污染物转移和废水处理等二次污染问题。几种常见的湿式除尘器如图 3.6 所示。

3. 袋式除尘器

袋式除尘器（图 3.7）是一种干式滤尘装置，它适用于捕集细小、干燥、非纤维性粉尘，属于高效除尘设备。滤袋采用纺织的滤布或非纺织的毡制成，利用纤维织物的过滤作用对含尘气体进行过滤。当含尘气体进入袋式除尘器后，颗粒大、比重大的粉尘，由于重力作用沉降下来，落入灰斗，含有较细小粉尘的气体在通过滤料时，粉尘被阻留，使气体得到净化。袋式除尘器属于高效废气处理装置，包括机械振动袋式除尘器、逆气流反吹袋式除尘器和脉冲喷吹袋式除尘器 3 种。

如果粉尘具有较高的回收价值或者烟气排放标准很严格时，宜采用袋式除尘器，焚烧

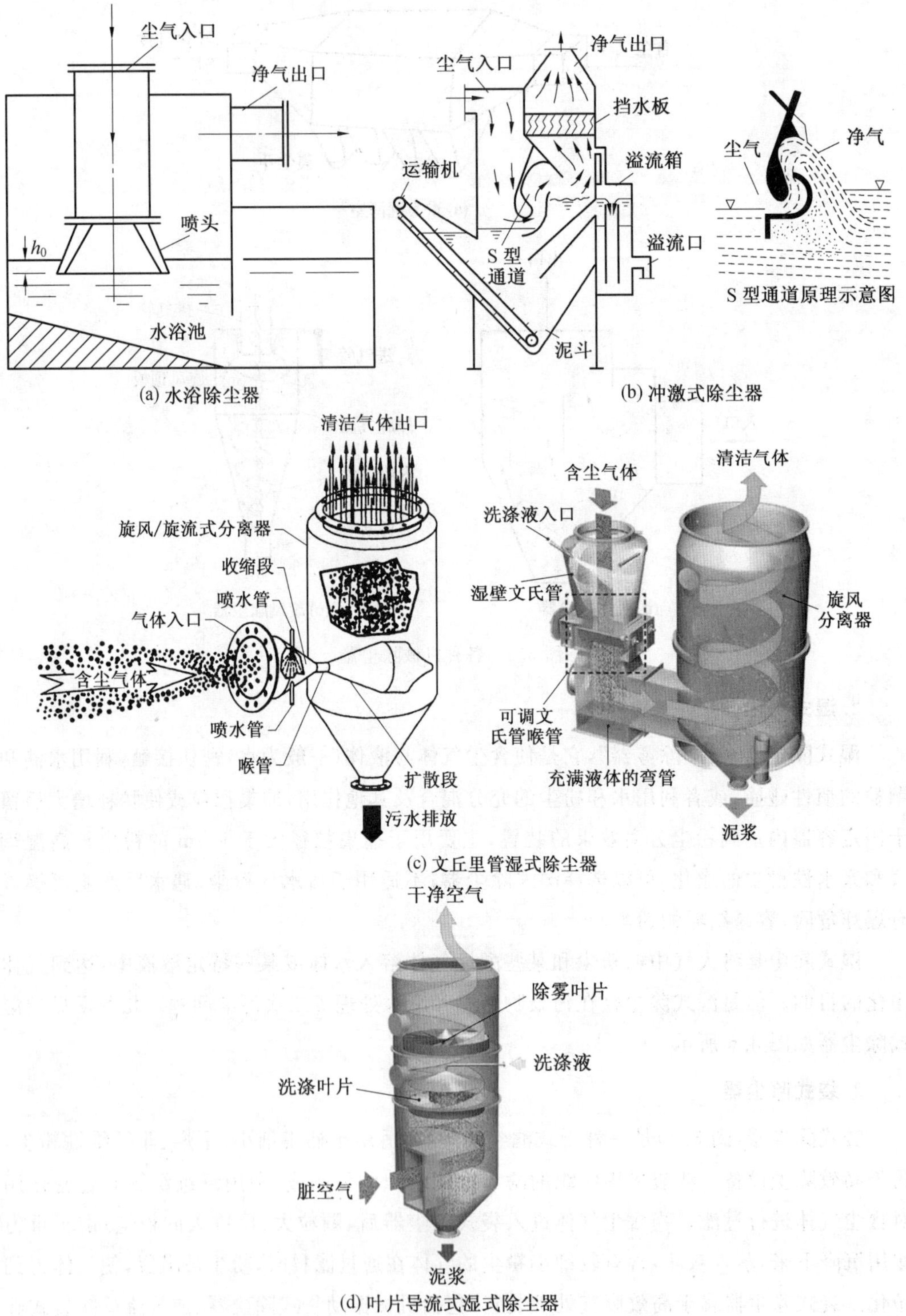

(a) 水浴除尘器

(b) 冲激式除尘器

(c) 文丘里管湿式除尘器

(d) 叶片导流式湿式除尘器

图 3.6　几种常见的湿式除尘器

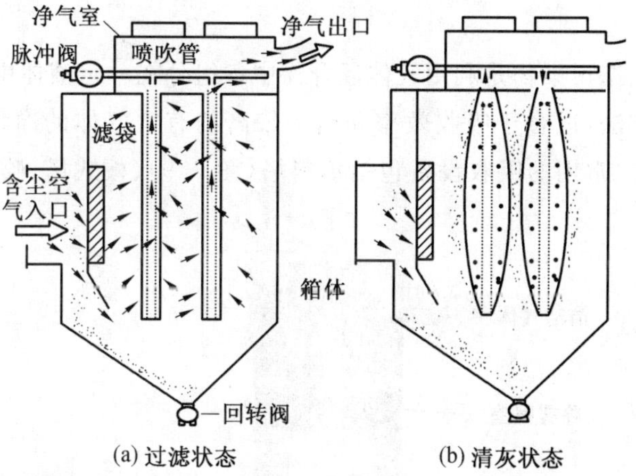

图 3.7 袋式除尘器

炉除尘装置应采用袋式除尘器。同时,袋式除尘器宜用于处理风量大、浓度范围大和波动较大的含尘气体,也可处理高湿气体或易燃易爆含尘气体。

4. **静电除尘器**

静电除尘器的工作原理(图 3.8)是利用高压电场使烟气发生电离,气流中的粉尘电荷在电场作用下与气流分离。负极由不同断面形状的金属导线制成称为放电电极,正极由不同几何形状的金属板制成称为集尘电极。静电除尘器属于高效除尘设备,宜用于处理大风量的高温烟气,要求捕集比电阻在 $10^4\,\Omega\cdot cm \sim 10^{10}\,\Omega\cdot cm$ 的粉尘。静电除尘器包括板式静电除尘器和管式静电除尘器。

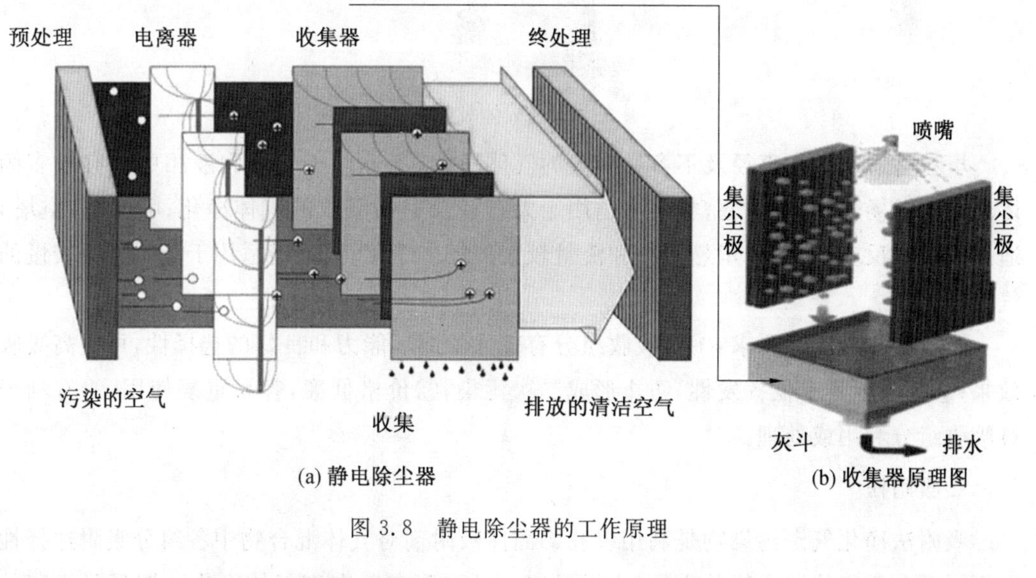

图 3.8 静电除尘器的工作原理

3.3.2 气态污染物控制理论

对气态污染物的控制,目前主要的方法有吸收法、吸附法及催化法。

1. **吸收法**

吸收法净化气态污染物是利用气体混合物中各组分在一定液体中溶解度的不同而分离气体混合物的方法，适合于吸收效率和速率较高的有害气体的净化，尤其适用于大气量、低浓度的气体。常用的吸收设备包括填料塔(图 3.9)、板式塔、喷淋塔(空塔)和鼓泡塔。

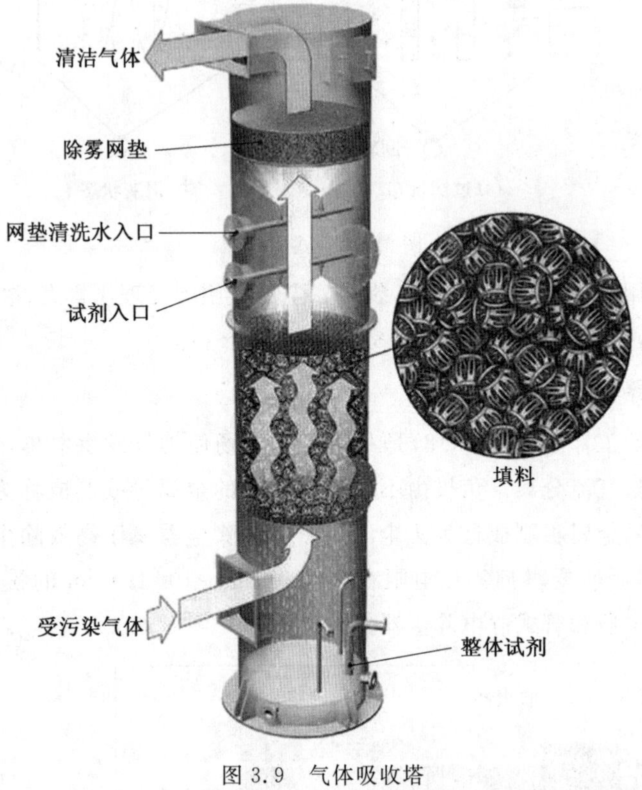

图 3.9　气体吸收塔

填料塔适用于小直径及不容易吸收的气体净化，不适用于气相和液相中含有较多固体悬浮物的场合，防止堵塞；板式塔适用于大直径及容易吸收的气体净化；喷淋塔(空塔)适用于吸收反应快、含少量悬浮物和流量较大的气体净化；鼓泡塔适用于吸收反应较慢的气体净化。

吸收法具有以下要求：①被吸收组分有较强的溶解能力和良好的选择性，可提高吸收效果；②吸收剂具有低挥发性，防止形成二次污染；③价格低廉，容易重复使用；④有利于被吸收组分利用或处理。

2. **吸附法**

吸附法净化气态污染物是利用多孔的固体吸附剂对气体混合物中各组分吸附选择性的不同而分离气体混合物的方法，主要适用于低浓度有毒有害气体净化。按吸附机理的不同可分为物理吸附与化学吸附，两者的性质比较见表 3.1。吸附剂对气体组分的吸收过程如图 3.10 所示。常见吸附设备主要包括固定床、移动床和流化床 3 种。

表 3.1　化学吸附与物理吸附的比较

	化学吸附	物理吸附
吸附热	大于 84 kJ/mol	8.4～41.8 kJ/mol
吸附速率	需要活化，速率慢	无需活化，速率快
脱附活化能	大于化学吸热	等于凝聚热
发生温度	在高温下，高于气体液化点	接近气体的液化点
选择性	有选择性，与吸附质、吸附剂本性有关	无选择性
吸附层	单层	多层

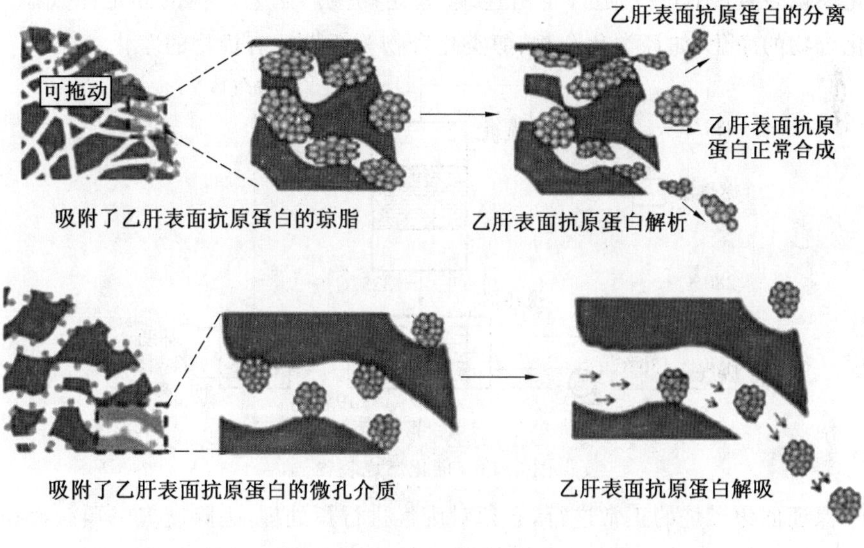

图 3.10　吸附剂对气体组分的吸收过程

常见的吸附剂包括活性炭、分子筛、活性氧化铝和硅胶等。吸附剂选择的原则一般要求：①比表面积大，孔隙率高，吸附容量大；②吸附选择性强；③有较强的机械强度、热稳定性和化学稳定性；④容易再生和活化；⑤取材广泛和价格低廉。

为了防止吸附塔内吸附剂孔隙堵塞，气体进入吸附塔前必须进行预处理，去除颗粒物（一般应低于 5 mg/m^3）、油雾、难脱附的气态污染物，并调节气体温度、湿度和压力等满足吸附工艺操作的要求。

3. **催化法**

催化作用是指催化剂在化学反应过程中所起的加快化学反应速率的作用。待处理废气通过催化床层发生催化反应，可使废气中污染物转化为无害或易于处理的物质。催化法在废气处理中的应用，包括工业尾气和烟气去除 NO_x、有机挥发性气体 VOCs 和臭气的催化燃烧净化，汽车尾气的催化净化等。

催化剂是加速化学反应而本身的化学组成在反应前后保持不变的物质。催化剂由活性组分、助催化剂和载体 3 部分组成。催化剂的稳定性是影响其应用的主要因素，其稳定性主要包括热稳定性、机械稳定性和化学稳定性。评价催化剂稳定性的指标为催化剂寿命，影响催化剂寿命的因素包括催化剂老化以及中毒。催化剂老化主要由催化剂活性组分流失、烧结、积炭结焦、机械粉碎等造成。催化剂中毒是指反应原料中含有的微量杂质使催化剂的活性、选择性明显下降或丧失的现象。中毒现象的本质是微量杂质和催化剂活性中心的某种化学作用，形成没有活性的物种。能够造成大多数催化剂中毒的常见物质有 HCN、CO、H_2S、S、As、Pb 等。

催化燃烧法是净化气态污染物的一种常见方法，它是利用固体催化剂在较低温度下将废气中的污染物通过氧化作用转化为二氧化碳和水等化合物的方法。

催化燃烧装置(图 3.11)适合于由连续、稳定的生产工艺产生的固定源气态、气溶胶态有机化合物的净化，如烃类化合物、醇类化合物等挥发性有机物的净化。

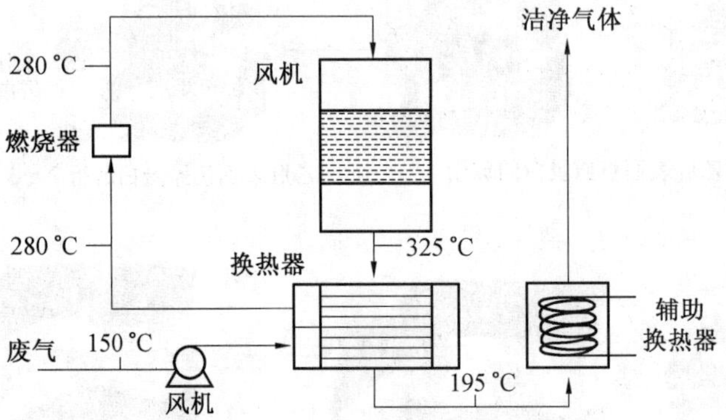

图 3.11　催化燃烧装置

为了保证催化燃烧的正常进行，必须对废气进行预处理，去除废气中颗粒物和催化剂毒物，并调整废气中有机物的浓度。催化燃烧装置预热室的预热温度宜在 250～350 ℃，不宜超过 400 ℃。

3.3.3　二氧化硫治理

目前烟气脱硫技术种类很多，按脱硫过程是否加水和脱硫产物的干湿状态，烟气脱硫分为湿法、半干法和干法 3 大类脱硫工艺。

湿法脱硫技术较为成熟，效率高，操作简单；但是脱硫产物的处理较难，脱硫后烟气温度较低，不利于扩散，设备及管道防腐问题突出。半干法和干法脱硫技术的脱硫产物为干粉状，容易处理，工艺较简单；但是脱硫效率较低，脱硫剂利用率低。在此对各种脱硫技术进行简单介绍。

1. 石灰石－石膏法脱硫技术

石灰石－石膏法湿式烟气脱硫技术在世界脱硫行业已经得到了广泛的应用。它是采用石灰石一石灰的浆液吸收烟气中的 SO_2，如图 3.12 所示。

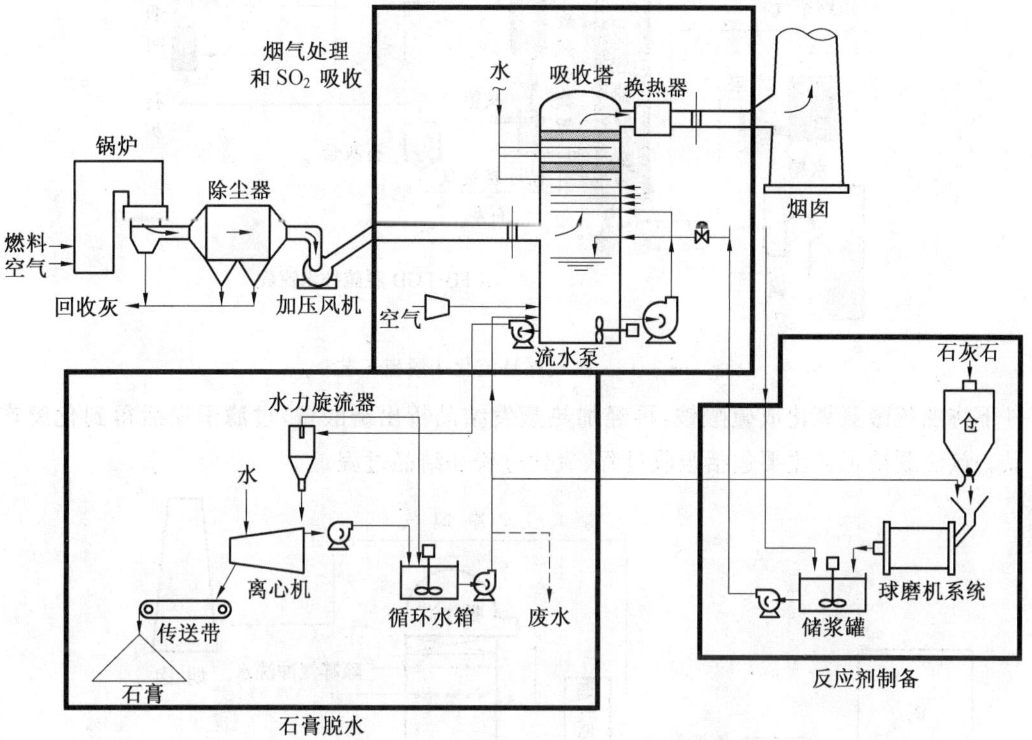

图 3.12　石灰石一石膏法湿式烟气脱硫

湿式石灰石一石膏法脱硫装置的工艺流程可以分为 3 个子系统：烟气处理系统与 SO_2 吸收子系统，石膏脱水子系统和反应剂制备子系统。

2. 烟气循环流化床脱硫工艺

烟气循环流化床脱硫工艺（Flue gas desulfurization，FGD）利用流化床原理，将脱硫剂流态化，烟气与脱硫剂在悬浮状态下进行脱硫反应。其工艺流程图如图 3.13 所示。烟气循环流化床脱硫工艺由吸收剂制备、吸收塔、脱硫灰再循环、除尘器及控制系统等部分组成。该工艺一般采用干态的消石灰粉作为吸收剂，也可采用其他对二氧化硫有吸收反应能力的干粉或浆液作为吸收剂。

由锅炉排出的未经处理的烟气从吸收塔（即流化床）底部进入。吸收塔底部为一个文丘里装置，烟气流经文丘里管后速度加快，并在此与很细的吸收剂粉末互相混合，颗粒之间、气体与颗粒之间剧烈摩擦，形成流化床，在喷入均匀水雾降低烟温的条件下，吸收剂与烟气中的二氧化硫反应生成 $CaSO_3$ 和 $CaSO_4$。脱硫后携带大量固体颗粒的烟气从吸收塔顶部排出，进入再循环除尘器，被分离出来的颗粒经中间灰仓返回吸收塔，由于固体颗粒反复循环达百次之多，故吸收剂利用率较高。

3. 氨法脱硫工艺

氨法脱硫工艺（图 3.14）利用氨液吸收烟气中的 SO_2 生成亚硫酸铵溶液，并在富氧条

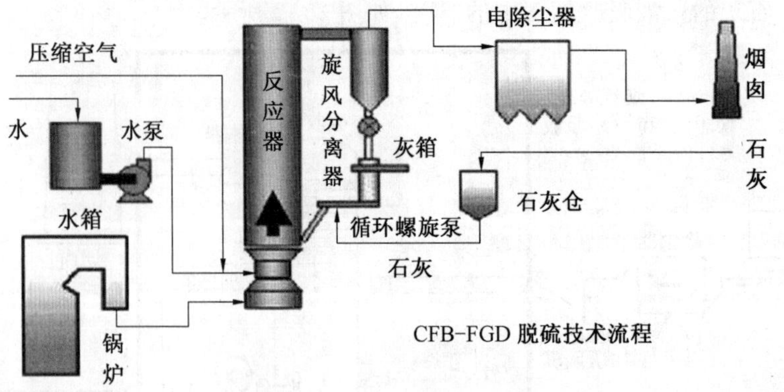

图 3.13　烟气循环流化床脱硫工艺

件下将亚硫酸氨氧化成硫酸铵，再经加热蒸发结晶析出硫酸铵，过滤干燥后得到化肥产品。氨法脱硫工艺主要包括吸收过程、氧化过程和结晶过程。

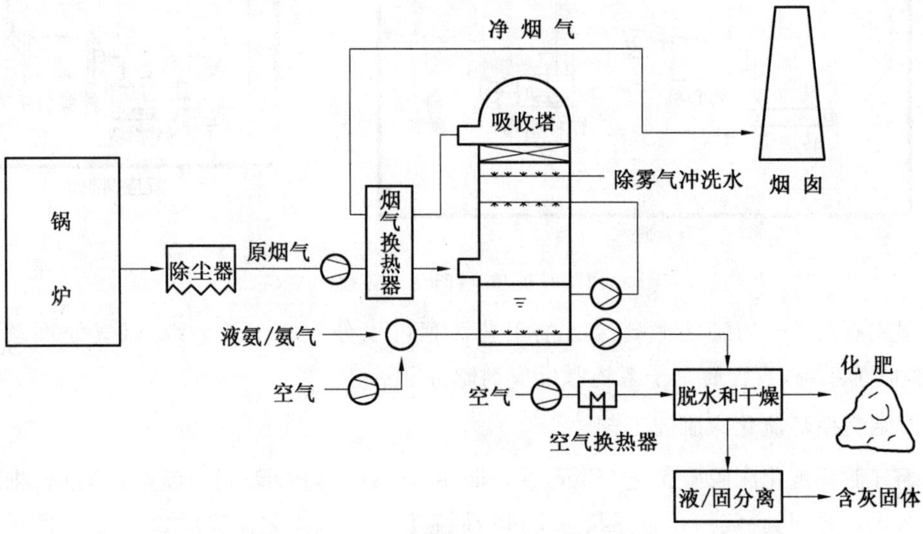

图 3.14　氨法脱硫工艺流程图

(1)吸收过程。

在脱硫塔中，氨和 SO_2 在液态环境中以离子形式反应：

$$2NH_3 + H_2O + SO_2 \longrightarrow (NH_4)_2SO_3$$

$$(NH_4)_2SO_3 + H_2O + SO_2 \longrightarrow 2NH_4HSO_3$$

随着吸收进程的持续，溶液中的 NH_4HSO_3 会逐渐增多，而 NH_4HSO_3 已不具备对 SO_2 的吸收能力，应及时补充氨水维持吸收浓度。

(2)氧化过程。

氧化过程主要是利用空气生成 $(NH_4)_2SO_4$ 的过程。

$$(NH_4)_2SO_3 + O_2 \longrightarrow (NH_4)_2SO_4$$

$$NH_4HSO_3 + O_2 \longrightarrow NH_4HSO_4$$

$$NH_4HSO_4 + NH_3 \longrightarrow (NH_4)_2SO_4$$

(3)结晶过程。

氧化后的$(NH_4)_2SO_4$经加热蒸发,形成过饱和溶液,$(NH_4)_2SO_4$从溶液中结晶析出,过滤干燥后得到化肥产品硫酸铵。

3.3.4　氮氧化物治理

伴随我国经济的持续高速发展,能源消耗逐年增加,大气中 NO_x 的排放量也迅速增长。NO_x 排放引发的环境问题已经给人体健康和生态环境构成巨大威胁,因此在全国范围内开展对大气 NO_x 的污染控制及处理已迫在眉睫。NO_x 包括 N_2O、NO、N_2O_3、NO_2、N_2O_4和 N_2O_5,大气中 NO_x 主要以 NO、NO_2的形式存在。NO_x 的危害包括以下方面。

(1)N_2O:单个分子的温室效应为CO_2的 200 倍,并参与臭氧层的破坏。

(2)NO:大气中 NO_2的前体物质,形成光化学烟雾的活跃组分。

(3)NO_2:强烈刺激性,来源于 NO 的氧化,易形成酸沉降。

1. 燃烧中氮氧化物控制技术

燃烧控制技术是指通过改进燃烧工艺,减少 NO_x 的产生,如分级燃烧法、低氧燃烧法、浓淡偏差燃烧和烟气再循环等方法。我国在 20 世纪 80 年代至 21 世纪初,先后开发出多种燃烧器,其中多功能船体粉煤燃烧器在近 200 台锅炉成功应用,NO_x 降低率最高达 50%～55%,同时节约点火油和燃油,并能较好地稳定燃烧过程。

另外,炉膛喷射脱硝技术类似于炉内喷钙脱硫过程,实际上是在炉膛上部喷射某种物质,能够在一定温度条件下还原已生成的 NO_x,以降低 NO_x 的排放量。炉膛喷射包括炉膛喷水或注入水蒸气、喷射二次燃料、喷氨等方法。

燃烧控制技术和炉膛喷射脱硝技术属于清洁生产技术,即从源头上减少 NO_x 的产生,具有减少污染和末端治理费用等优点。

2. 选择性催化还原法

选择性催化还原(Selective catalytic reduction,SCR)法在催化剂(贵金属、碱性金属氧化物、沸石等)催化作用下,还原剂(液氨、氨水、尿素等)只选择性地与废气中的 NO_x 发生反应,而不与废气中的 O_2发生反应,还原剂可用 NH_3和 H_2S 等。选择性催化还原可在较低温度(300～400℃)条件下进行。SCR 法烟气脱硝原理及工艺流程如图 3.15 所示。

$$4NO + 4NH_3 + O_2 \longrightarrow 4N_2 + 6H_2O$$

$$6NO + 4NH_3 \longrightarrow 5N_2 + 6H_2O$$

$$6NO_2 + 8NH_3 \longrightarrow 7N_2 + 12H_2O$$

$$2NO_2 + 4NH_3 + O_2 \longrightarrow 3N_2 + 6H_2O$$

3. 选择性非催化还原

SCR 法的催化剂费用通常占到 SCR 系统初始投资的 40%左右,其运行成本很大程

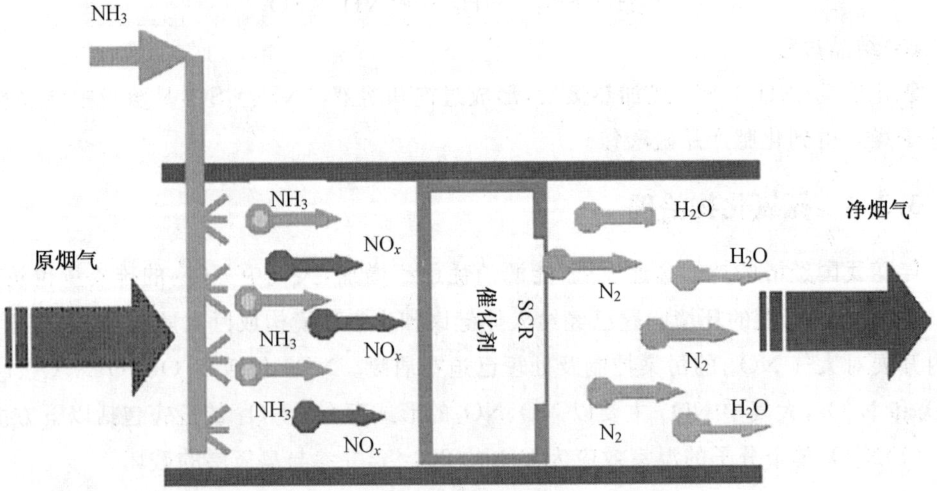

图 3.15 SCR 法烟气脱硝原理及工艺流程

度上受催化剂寿命的影响，因此选择性非催化还原法脱硝技术应运而生。选择性非催化还原(Selective non－catalytic reduction，SNCR)法是一种不用催化剂，在 850～1 100 ℃范围内还原 NO_x 的方法，还原剂常用氨或尿素。SNCR 法烟气脱硝工艺流程如图 3.16 所示。

$$4NH_3+4NO+O_2 \longrightarrow 4N_2+6H_2O$$
$$4NH_3+2NO+2O_2 \longrightarrow 3N_2+6H_2O$$
$$8NH_3+6NO_2 \longrightarrow 7N_2+12H_2O$$

3.3.5 挥发性有机物治理

挥发性有机物(Volatile organic compound，VOCs)，按照世界卫生组织的定义，如果在 101.32 kPa 气压下，该化合物的沸点在 50～250 ℃，就是挥发性有机物，它们会在常温下以气体形式存在。按其化学结构的不同，可以进一步分为 8 类：烷类、芳烃类、烯类、卤代烃类、酯类、醛类、酮类和其他。

挥发性有机物来源广泛，在室外主要来自燃料燃烧和交通运输产生的工业废气、汽车尾气等；在室内则主要来自建筑和装饰材料、家具、家用电器和清洁剂的气体释放等。在室内装饰过程中，挥发性有机物主要来自油漆、涂料和胶黏剂。

挥发性有机物的危害很明显，当居室中挥发性有机物浓度超过一定浓度时，在短时间内人们感到头痛、恶心、呕吐和四肢乏力；严重时会抽搐、昏迷和记忆力减退。挥发性有机物可伤害人的肝脏、肾脏、大脑和神经系统，其中还包含了很多致癌物质。挥发性有机物污染已引起各国重视。VOCs 控制方法主要包括燃烧法、吸收(洗涤)法、冷凝法、吸附法、生物法等。

1. 燃烧法

VOCs 的燃烧净化方法有直接燃烧、热力燃烧和催化燃烧。

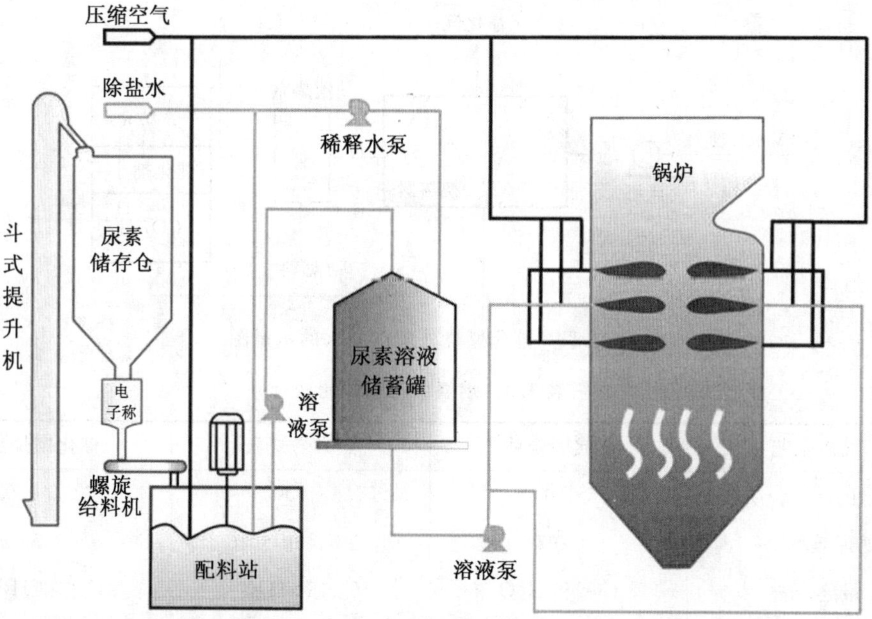

图 3.16　SNCR 法烟气脱硝工艺流程

(1)直接燃烧。

直接燃烧也称为直接火焰燃烧，是把废气中可燃的有害组分当作燃料直接燃烧，从而达到净化的目的，适用于可燃有害组分浓度较高或热值较高的废气。所用设备主要有燃烧炉、窑、锅炉等，直接燃烧的温度一般在 1 100 ℃左右。

(2)热力燃烧。

利用辅助燃料燃烧放出的热量将混合气体加热到要求的温度，使可燃有害组分在高温下分解成为无害物质，以达到净化的目的。热力燃烧所使用的燃料一般为天然气、煤气和油。适于低浓度废气的净化，所需温度较低，540～820 ℃即可进行，其必要条件为温度、停留时间和湍流混合。

(3)催化燃烧。

在催化剂存在的条件下，废气中可燃组分能在较低的温度下进行燃烧。催化燃烧(图 3.17)的优点包括无火焰燃烧，安全性好，温度低(300～450 ℃)，辅助燃料消耗少，对可燃组分浓度和热值限制少。为避免催化床层堵塞和催化剂的中毒，进入催化燃烧装置的气体首先要经过预处理，另外，进入催化床层的气体温度必须要达到所用催化剂的起燃温度。

燃烧工艺性能比较见表 3.2。

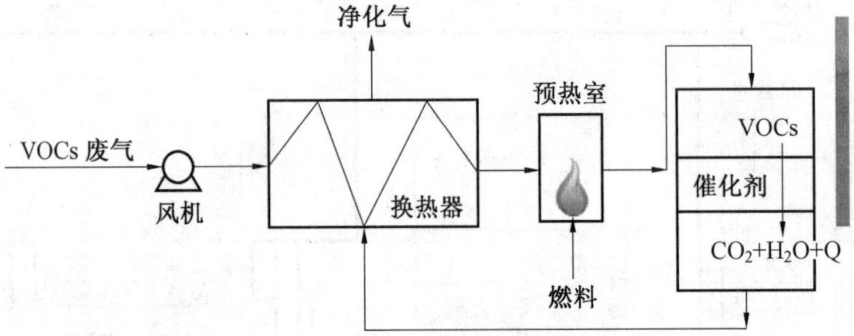

图 3.17　催化燃烧处理 VOCs 的示意图

表 3.2　燃烧工艺性能比较

燃烧工艺	直接燃烧法	热力燃烧法	催化燃烧法
浓度范围/($mg \cdot m^{-3}$)	>5 000	>5 000	>5 000
处理效率/%	>95	>95	>95
最终产物	CO_2和H_2O	CO_2和H_2O	CO_2和H_2O
投资	较低	低	高
运行费用	低	高	较低
燃烧温度/℃	>1 100	700～870	300～450
其他	容易爆炸，浪费热能而且产生二次污染	回收热能	VOCs中含有重金属、尘粒等物质，会引起催化剂中毒，预处理要求较高

2. 吸收法

溶剂吸收法采用低挥发或不挥发性溶剂对 VOCs 进行吸收，再利用 VOCs 分子和吸收剂物理性质的差异进行分离。吸收效果主要取决于吸收剂的吸收性能和吸收设备的结构特征。

吸收剂应对被去除的 VOCs 有较大的溶解性，蒸汽压低，易解吸，化学稳定性和无毒无害性，相对分子质量低。

用于 VOCs 净化的吸收装置，多数为气液相反应器，要求气液的有效接触面积大，气液湍流度高，设备的压力损失小，易于操作和维护。目前工业上常用的气液吸收设备有喷淋塔、填料塔、板式塔和鼓泡塔。填料塔应用较广泛，主要设计指标包括液气比、塔径和填料层高度。

3. 冷凝法

冷凝法利用物质在不同温度下具有不同饱和蒸气压的性质，采用降低温度、提高系统压力或者既降低温度又提高压力的方法，使处于蒸汽状态的污染物冷凝并与废气分离。

该方法适用于处理废气体积分数在 10^{-2} 以上的有机蒸汽。一般作为其他方法净化高浓度废气的前处理，以降低有机物负荷，回收有机物。

物质在不同温度和压力下，具有不同的饱和蒸气压。对应于废气中有害物质的饱和蒸气压下的温度，称为该混合气体的露点温度。也就是说在一定压力下，某气体物质开始冷凝出现第一个液滴时的温度，即为露点温度，简称露点。在衡压下加热液体，液体开始出现第一个气泡时的温度，简称泡点。冷凝温度处于露点和泡点温度之间，越接近泡点，净化程度越高。

根据被冷凝气体是否与冷却介质直接接触，冷凝法可分为接触冷凝与表面冷凝。接触冷凝是指被冷凝气体与冷却介质直接接触，所用设备主要有喷射塔、喷淋塔、填料塔、筛板塔等。表面冷凝（间接冷却）是指冷凝气体与冷却壁接触，常用设备有板式、螺旋式或板翅式冷凝器。

4. 吸附法

含 VOCs 的气态混合物与多孔性固体接触，利用固体表面的未平衡的分子吸引力或化学键力，将混合气体中的 VOCs 组分吸附在固体表面，这种分离过程称为吸附法控制 VOCs。吸附操作广泛应用于石油化工、有机化工等领域。

与其他吸附剂相比（如硅胶、金属氧化物等），活性炭吸附 VOCs 的性能较佳，原因在于其他吸附剂具有极性，在水蒸气共存条件下，水分子和吸附剂极性分子进行结合，从而降低了吸附剂吸附性能，而活性炭分子不易与极性分子相结合，从而提高了吸附 VOCs 的能力。需要注意的是，有些 VOCs 被活性炭吸附后难以再从活性炭中除去，因此不宜用活性炭吸附此类 VOCs。

5. 生物法

生物法具有设备简单、运行费用低、较少形成二次污染物等优点，尤其在处理低浓度、生物降解性好的气态污染物时更有其经济性。

生物法控制 VOCs 的原理是微生物将有机成分作为碳源和能源，并将其分解为 CO_2 和 H_2O。VOCs 首先经历由气相到固/液相的传质过程，然后才在固/液相中被微生物降解。

生物法适宜处理的有机物种类见表 3.3。

表 3.3　生物法适宜处理的有机物种类

有机物种类	有机物实例
烃类	乙烷、二氯甲烷、三氯乙烷、四氯化碳、环己烷、三氯乙烯、四氯乙烯、苯、甲苯、二甲苯、三氯苯、石脑油等
酮类	丙酮、环己酮等
酯类	醋酸乙酯、醋酸丁酯等
醇类	甲醇、乙醇、异丙醇、丁醇
聚合物单体	氯乙烯、丙烯酸、丙烯酸酯、苯乙烯等

根据系统中微生物的存在形式，可将生物处理工艺分为悬浮生长系统和附着生长系统。悬浮生长系统即微生物及其营养物存在于液体中，气相中的有机物通过与悬浮液接触后转移到液相，从而被微生物降解；附着生长系统中微生物附着生长于固体介质表面，废气通过有滤料介质构成的固定塔层时，被吸附、吸收、最终被微生物降解。生物处理VOCs常用设备主要有生物滴滤塔(图3.18)与生物过滤塔。

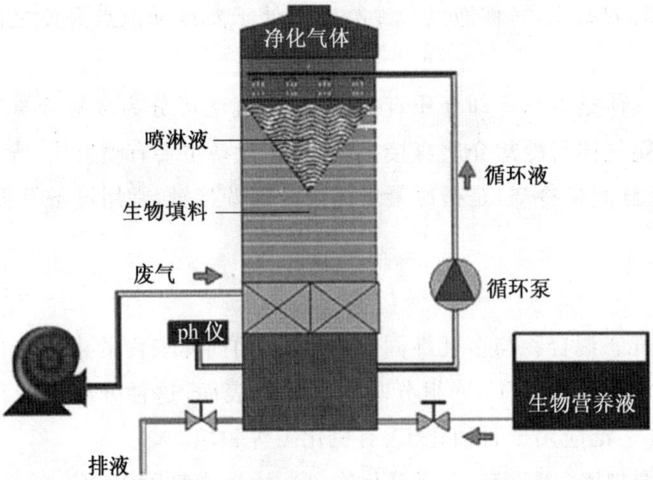

图3.18 生物滴滤池法工艺流程示意图

废气生物处理主要适用于去除异味气体和含VOCs浓度较低的废气，其中TOC(总有机碳)<1 000 mg/m³；气体流量为50 000 m³/h，气流均匀且连续；废气的温度一般≤40 ℃，生物滤池工艺要求进气湿度>95%；废气组分易溶于水，易生物降解。生物滤池工艺对气味和易溶性有机气体去除效率较高，而生物洗涤池能够用于生物降解性较差的VOCs废气处理。

3.4 城市空气污染综合防治

所谓大气污染的综合防治，就是从区域环境的整体出发，充分利用环境的自净能力，综合运用各种防治大气污染的技术措施，制定最佳的防治措施，以达到控制区域性大气环境质量、消除或减轻大气污染的目的。

大气污染综合防治涉及面比较广，影响因素比较复杂，一般来说，可以从下列几个方面加以考虑。

(1)全面规划、合理布局。

大气污染综合防治，必须从协调地区经济发展和保护环境之间的关系出发，对该地区各污染源所排放的各类污染物质的种类、数量、时空分布做全面的调查研究，并在此基础上，制定控制污染的最佳方案，对于不同地区确定相应的大气污染控制目标。合理规划，因地制宜地布局工业区。

(2)改善能源结构,使用清洁能源。

从根本上要解决大气污染问题,首先必须从改善能源结构入手,例如使用天然气及二次能源,如煤气、液化石油气、电等,还应重视太阳能、风能、地热等清洁能源的利用。

(3)改进燃烧设备和技术。

提高能源有效利用率,安装除尘设施,降低烟尘的排放量。我国能源的平均利用率仅为30%,提高能源利用率的潜力很大。

(4)提倡清洁生产。

采取以无毒或低毒原料代替毒性大的原料,采取闭路循环以减少污染物的排除等,防止一切可能排放废气污染大气的情况发生,综合利用变废为宝。例如电厂排出的大量煤灰可制成水泥、砖等建筑材料;又可回收氮,制造氮肥等。

(5)区域集中供暖供热。

分散于千家万户的燃煤炉灶,市内密集的矮小烟囱是烟尘的主要污染源。集中供热比分散供热可节约30%~35%的燃煤,便于提高设备的利用率及热效率,也便于采取相应的除尘和脱硫等污染物的防治措施。

(6)加强绿化。

城市绿化是大气污染防治的一种经济有效的措施。植物还具有调节气候,阻挡、滤除和吸附灰尘,吸收大气中的有害气体等功能。

(7)减少机动车的尾气排放。

截至2009年底,我国机动车保有量已超过1.86亿辆,尾气污染问题日益突出。汽车尾气的首要污染物为碳氢化合物、氮氧化合物、一氧化碳、二氧化硫、含铅化合物、醛等,这些物质会给人体带来诸多不良影响。

为降低车辆尾气污染,改善大气环境质量,采取以下措施:第一,国家污染物排放标准在优化机动车工业发展中发挥着重要的作用。就每台发动机而言,每实施一个新阶段排放标准,其单机污染物排放量就会降低30%以上;第二,开展在用机动车排放定期检测为基础,以推行环保定期检测合格标志为手段,加强机动车尾气排放污染防治;第三,油品质量对于汽车尾气排放效果的影响相当明显;第四,良好的交通状况利于减少尾气排放。

复习思考题

1.简述大气圈及其结构。

2.简述人气污染的类型及其特征。

3.机械除尘器和湿式除尘器各有什么特点?

4.二氧化硫主要去除方法有哪些?各有什么特点?

5.氮氧化物主要去除方法有哪些?各有什么特点?

6.城市空气污染综合防治措施有哪些?

第4章　固体废弃物处理与处置

4.1　固体废弃物分类和危害

4.1.1　固体废弃物分类

固体废弃物(Solid waste)包括生产建设、日常生活和其他活动中产生的污染环境的固态、半固态和盛有气体或液体的容器。根据《中华人民共和国固体废物污染环境防治法》把固体废物分为三大类:工业固体废物、危险固体废物和城市生活垃圾。

1. **工业固体废物**

工业固体废物(Industrial solid waste)是在工业生产和加工过程中产生的,排入环境的各种废渣、污泥、粉尘等。工业固体废物如果没有严格按环保标准要求安全处理处置,会对土地资源、水资源造成严重的污染。

2. **危险固体废物**

危险固体废物(Hazardous solid waste)特指有害废物,具有易燃性、腐蚀性、反应性、传染性、毒性、放射性等特性,产生于各种有危险废物产物的生产企业。从危险废物的特性看,它对人体健康和环境保护潜伏着巨大危害,例如医疗废物、生活垃圾焚烧飞灰等。

3. **城市生活垃圾**

城市生活垃圾(Municipal domestic garbage)指在城市日常生活中或者为城市日常生活提供服务的活动中产生的固体废物。包括有机类,如瓜果皮、剩菜剩饭;无机类,如废纸、饮料罐、废金属等;有害类,如废电池、荧光灯管、过期药品等。

4.1.2　固体废弃物的危害

1. **对土壤的危害**

固体废物长期露天堆放,其有害成分在地表径流和雨水的淋溶、渗透作用下通过土壤孔隙向四周和纵深的土壤迁移。在迁移过程中,有害成分要经受土壤的吸附和其他作用。通常,由于土壤的吸附能力和吸附容量很大,随着渗滤水的迁移,使有害成分在土壤固相中呈现不同程度的积累,导致土壤成分和结构的改变,植物又是生长在土壤中,间接又对植物产生了污染,有些土地甚至无法耕种。

2. 对大气的危害

废物中的细粒、粉末随风扬散；在废物运输及处理过程中缺少相应的防护和净化设施，释放有害气体和粉尘；堆放和填埋的废物以及渗入土壤的废物，经挥发和反应放出有害气体，都会污染大气并使大气质量下降。例如，焚烧炉运行时会排出颗粒物、酸性气体、未燃尽的废物、重金属与微量有机化合物等。石油化工厂油渣露天堆置，则会有一定数量的多环芳烃生成且挥发进入大气中。填埋在地下的有机废物分解会产生二氧化碳、甲烷(填埋场气体)等气体进入大气中，如果任其聚集会发生危险，如引发火灾，甚至发生爆炸。

3. 对水体的危害

如果将有害废物直接排入江、河、湖、海等地，或是露天堆放的废物被地表径流携带进入水体，或是飘入空中的细小颗粒，通过降雨的冲洗沉积和凝雨沉积以及重力沉降和干沉积而落入地表水系，水体都可溶解出有害成分，毒害生物，造成水体严重缺氧，富营养化，导致鱼类死亡等。

有些未经处理的垃圾填埋场或是垃圾箱，经雨水的淋滤作用，或废物的生化降解产生的沥滤液，含有高浓度悬浮固态物和各种有机与无机成分。如果这种沥滤液进入地下水或浅蓄水层，问题就变得难以控制。其稀释与清除地下水中的沥滤液比地表水要慢许多，它可以使地下水在不久的将来变得不能饮用，而使一个地区变得不能居住。最著名的例子是美国的洛维运河，起初在该地有大量居民居住，后来居住在这一废物处理场附近的居民健康受到了影响，纷纷逃离此地，而使此地变得毫无生气。

倾入海洋里的塑料对海洋环境危害很大，因为它对海洋生物是最为有害的。海洋哺乳动物、鱼、海鸟以及海龟都会受到撒入海里的废弃渔网缠绕的危险，有时像幽灵似地捕杀鱼类，如果潜水员被缠住，就会有生命危险。抛弃的渔网也会危害船只，例如，缠绕推进器造成事故。塑料袋与包装袋也能缠住海洋哺乳动物和鱼类，当动物长大后会缠得更紧，限制它们的活动、呼吸与捕食。饮料桶上的塑料圈对鸟类、小鱼会造成同样的危害。海龟、哺乳动物和鸟类也会因吞食塑料盒、塑料膜、包装袋等而窒息死亡(图 4.1)。

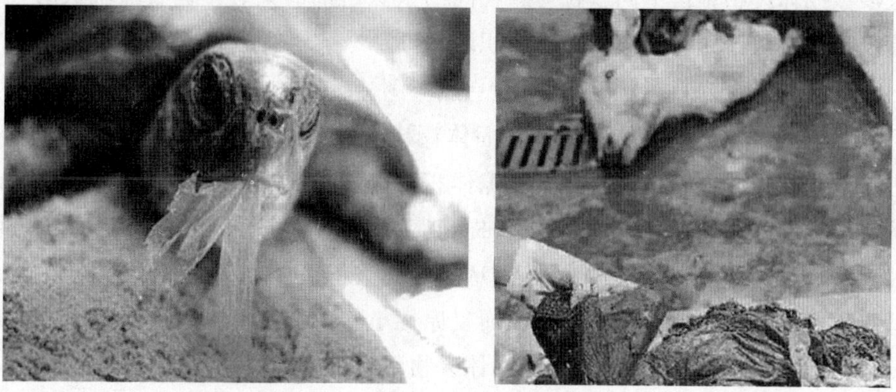

图 4.1　误食塑料袋死亡的动物

4. **对人体的危害**

生活在环境中的人，以大气、水、土壤为媒介，可以将环境中的有害废物直接由呼吸道、消化道或皮肤摄入人体，使人致病。20 世纪 40 年代，美国一家化学公司利用腊芙运河停挖废弃的河谷，来填埋生产有机氯农药、塑料等残余有害废物 2×10^4 t。掩埋 10 余年后在该地区陆续发生了一些如井水变臭、婴儿畸形、人患怪病等现象。经化验分析研究当地空气、用作水源的地下水和土壤中都含有六六六、三氯苯、三氯乙烯、二氯苯酚等 82 种有毒化学物质，其中列在美国环保局优先污染清单上的就有 27 种，被怀疑是人类致癌物质的多达 11 种。许多住宅的地下室和周围庭院里渗进了有毒化学浸出液，于是迫使总统在 1978 年 8 月宣布该地区处于"卫生紧急状态"，先后两次近千户被迫搬迁，造成了极大的社会问题和经济损失。

4.2　固体废弃物的预处理

4.2.1　压缩

1. **压缩的概念和目的**

通过外力加压于松散的固体废物，以缩小其体积，使固体废物变得密实的操作简称为压实，又称为压缩(Condensation)。压缩的目的有两个：一方面可增大容重、减少固体废物体积以便于装卸和运输，确保运输安全与卫生，降低运输成本；另一方面可制取高密度惰性块料，便于储存、填埋或作为建筑材料使用。

2. **压缩的原理及主要设备**

(1)压缩原理。

大多数固体废物是由不同颗粒与颗粒间的空隙组成的集合体。自然堆放时，表观体积是废物颗粒有效体积与孔隙占有的体积之和，即

$$V_m = V_s + V_v$$

其中，V_m 为固体废物的表观体积；V_s 为固体颗粒体积(包括水分)；V_v 为孔隙体积。

进行压实操作时，随压强的增加，孔隙体积下降，表观体积也随之下降，而容重增加。压实的实质可看作是消耗一定的压力能，提高废物容重的过程。当固体废弃物受到外界压力时，各颗粒间相互挤压，变形或破碎，从而达到重新组合的效果。

适于压实处理的主要是压缩性能大而复原性小的物质，木材、金属、玻璃、塑料块等本身已经很密实的固体或焦油、污泥等半固体废物不宜做压实处理。

(2)压缩设备。

压缩设备可分为固定式和移动式两种。

固定式压实器:凡用人工或机械方法(液压方式为主)把废物送进压实机械中进行压实的设备称为固定式压实器。如各种家用小型压实器、废物收集车上配备的压实器及中转站配置的专用压实机。

移动式压实器:是指在填埋现场使用的轮胎式或履带式压土机、钢轮式布料压实机以及其他专门设计的压实机具。

压实机械如图 4.2 所示。

(a) 垃圾中转站压缩机

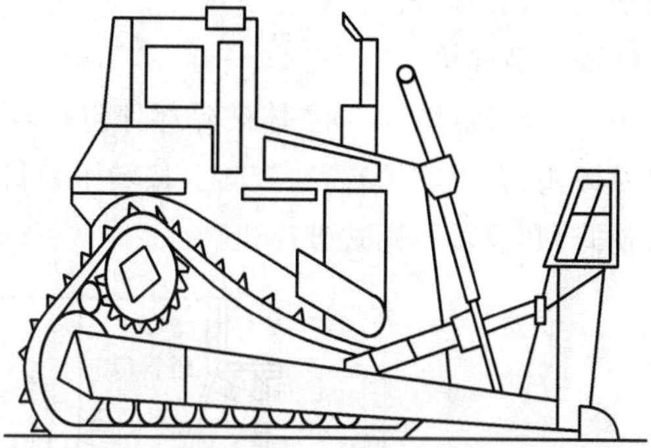

(b) 垃圾填埋场使用的履带式压缩机

图 4.2　压实机械

4.2.2　破碎

1.破碎的概念和目的

在外力作用下破坏固体废物质点间的内聚力使大块的固体废物分裂为小块的过程,称为垃圾破碎(Garbage crushing)。破碎的目的是:减小固体废物的颗粒尺寸;降低空隙率、增大废物容重,有利于后续处理与资源化利用。

2.破碎的方法及主要设备

(1)破碎方法。

①干式破碎。

干式破碎分为机械能破碎和非机械破碎。机械能破碎就是利用破碎工具对固体废物施力而将其破碎的方法。破碎作用分为挤压、劈碎、剪切、磨剥、冲击破碎等。而非机械破碎就是利用电能、热能等对固体废物进行破碎的新方法,如低温、热力、减压及超声波破碎等。

②湿式破碎。

利用特制的破碎机将投入机内的含纸垃圾和大量水流一起剧烈搅拌和破碎成为浆液的过程。

③半湿式破碎。

破碎和分选同时进行。利用不同物质在一定均匀湿度下其强度、脆性(耐冲击性、耐压缩性、耐剪切力)不同而破碎成不同粒度。

(2)破碎设备。

处理固体废物的破碎机通常有颚式、锤式、剪切式、冲击式、辊式破碎机和粉磨机。

①颚式破碎机。

颚式破碎机属于挤压形破碎机械,适于坚硬和中硬废物。主要部件有固定鄂板、可动鄂板、连动于传动轴的偏心转动轮,两块鄂板构成破碎腔。根据可动鄂板分为简单摆动和复杂摆动颚式破碎机。

②锤式破碎机。

锤式破碎机(图 4.3)主体破碎部件包括多排重锤和破碎板。电动机带动主轴、圆盘、销轴及锤头(合成转子)高速旋转。按转子数目可分为两类:单转子锤式破碎机(可逆式和不可逆式)和双转子锤式破碎机。

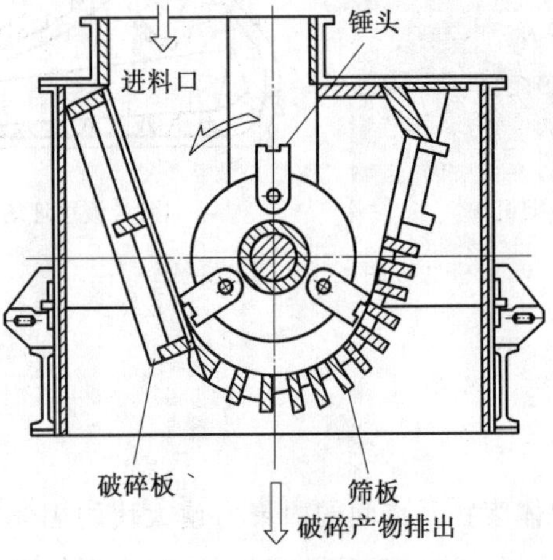

图 4.3　锤式破碎机

4.2.3　分选

1. 分选的概念和目的

分选(Waste separation)就是为了实现垃圾处理的“资源化、减量化和无害化”,可将城市生活垃圾分选为无机物类、砂土类、有机物类、不可回收可燃物类、薄膜塑料类和铁磁物类等,通过分选,实现垃圾的资源化、处理的合理化,降低运转成本、提高经济效益等。

2. 分选的方法及主要设备

(1)筛分。

筛分就是依据固体废物的粒径不同,利用筛子将物料中小于筛孔的细粒物料透过筛面,而大于筛孔的粗粒物料留在筛面上,完成粗细物料的分离过程。

(2)风力分选。

风力分选的基本原理是气流将较轻的物料向上带走或水平方向带向较远的地方,而重物料则由于上升气流不能支持它们而沉降，或由于惯性在水平方向抛出较近的距离。风力分选过程是以各种固体颗粒在空气中的沉降规律为基础的。风力分选主要是回收纸张、塑料等可回收利用成分。风力分选机如图 4.4 所示。

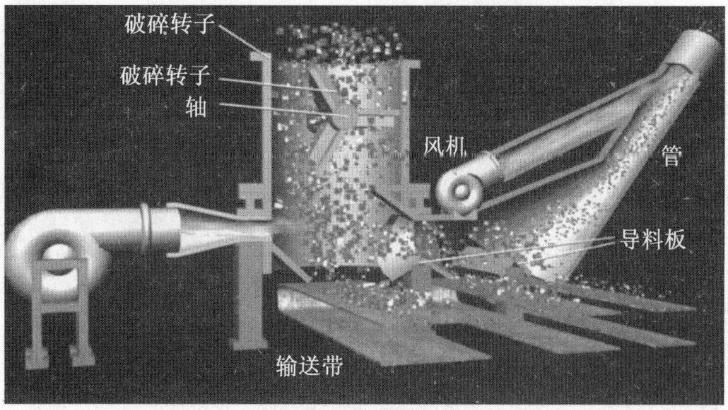

图 4.4　风力分选机

(3)磁选。

磁选(Magnetic separation)技术主要应用于对矿产资源的分类。磁选的工作原理(图 4.5)是待选的物料给入磁选机的分选空间后，磁性材料(如铁质材料)在磁场作用下被磁化，受到磁场吸引力作用吸在圆筒上，被带到排矿端；非磁性材料受到的磁场作用力很小，不容易吸到圆筒上。

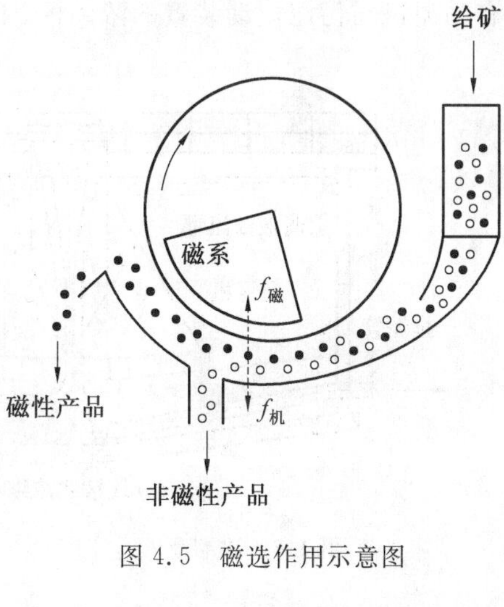

图 4.5　磁选作用示意图

(4)弹跳分选。

弹跳分选机是针对经过粗破碎后垃圾中的无机颗粒分选而设计的带有分离功能的输送设备，是利用破碎后垃圾物料特性，输送皮带设计弹跳功能在一面输送物料的同时把无机颗粒或其他硬性颗粒物弹跳分离出来，被分离出的颗粒物与输送物料成反方向运动从而实现分选的目的。弹跳分选(Bounce separation)主要是选出电池、陶瓷、砖石等成分。

4.3　固体废物的脱水

凡含水率超过 90% 的固体废物(包括污水处理厂的剩余污泥),必须先脱水减容,以便于包装、运输与资源化利用。常用的方法介绍如下。

第一,浓缩脱水:主要脱出间隙水。

第二,机械过滤脱水:主要脱出毛细结合水和表面吸附水。

第三,泥浆自然干化脱水:利用自然蒸发和底部滤料、土壤进行过滤脱水。

4.3.1　浓缩脱水

1. 重力浓缩

(1)原理。

重力浓缩(Gravity concentration)就是依据固体颗粒与溶液间存在的密度差,借重力作用脱水,脱水后含水量一般为 50%。

(2)设备(图 4.6)。

①间隙式浓缩池:间断浓缩,上清液虹吸排出,仅用于小型处理厂的污泥脱水。

②连续式浓缩池:结构类似于辐射式沉淀池。一般直径为 5～20 m 的圆形或矩形钢筋混凝土构筑物。可分为有刮泥机与污泥搅动装置的浓缩池,不带刮泥机的浓缩池,以及多层浓缩池 3 种。

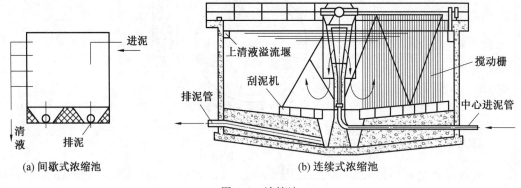

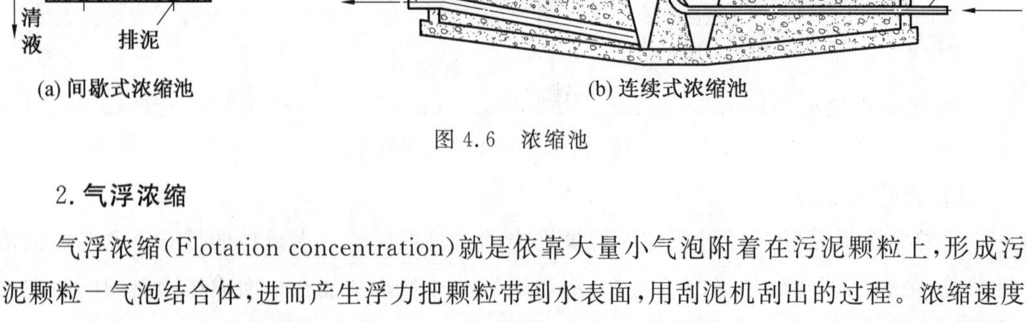

图 4.6　浓缩池

2. 气浮浓缩

气浮浓缩(Flotation concentration)就是依靠大量小气泡附着在污泥颗粒上,形成污泥颗粒一气泡结合体,进而产生浮力把颗粒带到水表面,用刮泥机刮出的过程。浓缩速度快,处理时间一般为重力浓缩的 1/3 左右;占地较少;生成的污泥较干燥,表面刮泥较方便。但基建和操作费用较高,管理较复杂。费用较重力浓缩高 2～3 倍。所涉及的设备有气浮池(图 4.7)。

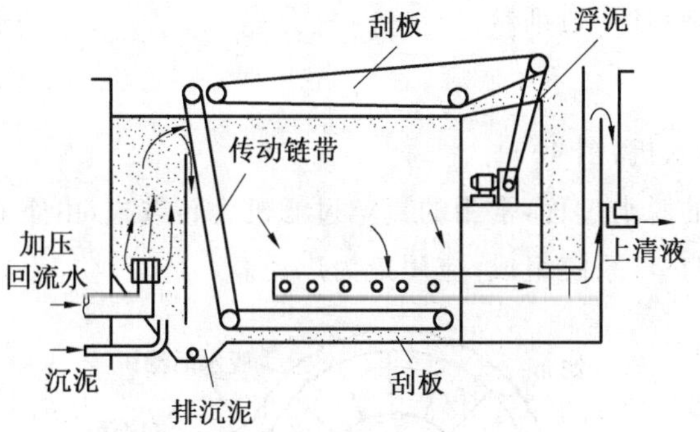

图 4.7　气浮池

3. **离心浓缩**

离心浓缩(Centrifugal concentration)就是利用污泥中的固体颗粒与水的密度及惯性的差异,在高速旋转的离心机中,固体颗粒和水分别受到大小不同的离心力而被分离的过程。该法占地面积小、造价低,但运行与机械维修费用较高。所涉及设备有倒锥分离板型和螺旋卸料离心机。

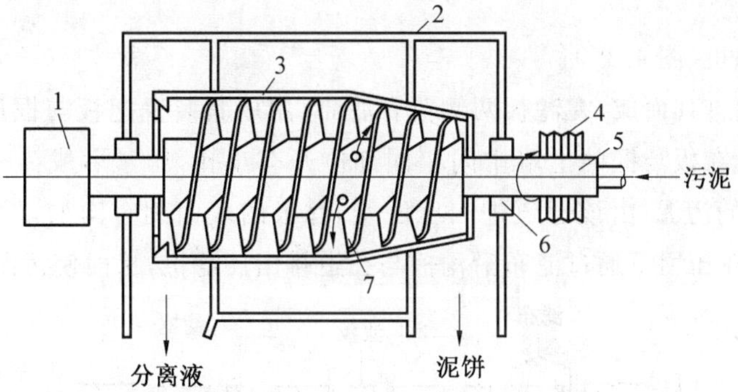

图 4.8　离心浓缩机

1—变速箱;2—罩盖;3—转筒;4—驱动轮;5—空心轴;6—轴承;7—螺旋输送器

4.3.2　机械过滤脱水

机械过滤脱水(Mechanical filtering dewater)是利用具有许多毛细孔的物质作为过滤介质,以过滤介质两侧产生压差作为过滤的推动力,使固体废物中的溶液强制通过过滤介质成为滤液,固体颗粒被截留成为滤饼的固液分离操作,应用最广。

1. **过滤介质**

(1)织物介质:又称滤布,包括棉、毛、丝、合成纤维等织物,以及由玻璃丝、金属丝制成的网状物。

(2)粒状介质:细砂、木炭、硅藻土等细小坚硬的颗粒状物质,多用于深层过滤。

(3)多孔固体介质:有很多微细孔道的固体材料,如多孔陶瓷、多孔塑料及多孔金属制成的管或板。耐腐蚀,且孔道细微。

2.过滤设备

(1)真空抽滤脱水机(图 4.9)。

在负压下操作的脱水过程,常用的真空过滤机为转鼓式,由空心转筒、分配头、污泥储槽、真空系统和压缩空气系统组成,应用最为广泛。

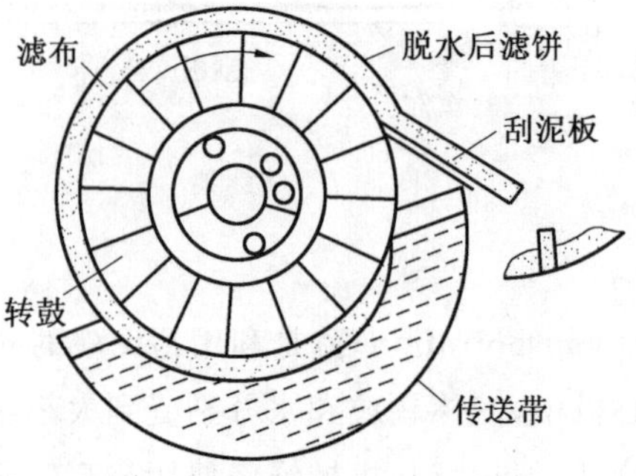

图 4.9　真空抽滤脱水机

(2)压滤机。

①板框压滤机(图 4.10)。

板与框相间排列而成,在滤板两侧覆有滤布,用压紧装置把板与框压紧,在板与框之间构成压滤室。在板与框的上端中间相同部位开有小孔,压紧后成为一条通道,加压到 0.2～0.4 MPa 的污泥,由该通道进入压滤室,滤板的表面刻有沟槽,下端钻有供滤液排除的孔道,滤液在压力下通过滤布沿沟槽与孔道排出压滤机,从而使污泥脱水。

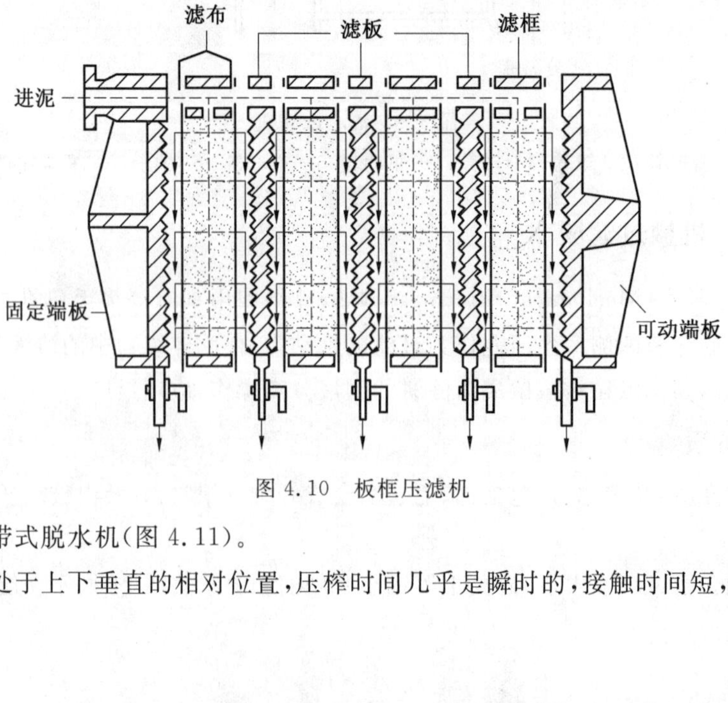

图 4.10　板框压滤机

②滚压带式脱水机(图 4.11)。

滚压轴处于上下垂直的相对位置,压榨时间几乎是瞬时的,接触时间短,但压力大,污泥所受压力等于滚压轴施加压力的 2 倍。

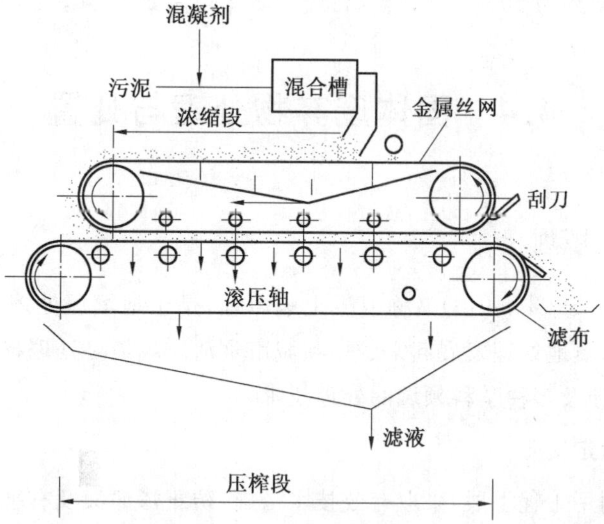

图 4.11　滚压带式脱水机

4.3.3　泥浆自然干化脱水

污泥干化场(Sludge drying beds)通过渗滤或蒸发等作用,从污泥中去除大部分含水量的过程。污泥干化场占地面积较大,常常是 20～40 cm 的浅池,类似于一个设有围堰的广场,作用是将从浓缩池排出的污泥晾晒,进一步脱水,甚至晒成干泥饼。污泥自然干化场如图 4.12 所示。

图 4.12　污泥自然干化场

干化场四周建有土或板体围堤,中间用土堤或隔板隔成等面积的若干区段(一般不少于 3 块)。为了便于起运脱水污泥,一般每区段宽度不大于 10 m,长为 6～30 m。渗滤水经排水管汇集排出。运行时，一次集中放满一块区段面积，放泥厚度约为30～50 cm。在良好的条件下，周期约为10～15 d，脱水污泥含水率可降到60%。

4.4 固体废弃物处理与处置

4.4.1 卫生填埋

卫生填埋(Sanitary landfill)又称卫生土地填埋，是土地填埋处理的一种。土地填埋是从传统的堆放和填地处理发展起来的一项城市生活垃圾最终处理技术。同其他环境技术一样，它是一个涉及多种学科领域的处理技术。

1. 卫生填埋的定义

卫生填埋是利用工程手段，采取有效技术措施，防止渗滤液及有害气体对水体和大气的污染，并将垃圾压实减容至最小，填埋占地面积也最小。

卫生填埋通常是每天把运到填埋场的垃圾在限定的区域内铺散成40～75 cm的薄层，然后压实以减少垃圾的体积，并在每天操作之后用一层厚15～30 cm的黏土或粉煤灰覆盖、压实。垃圾层和土壤覆盖层共同构成一个单元，即填埋单元。具有同样高度的一系列相互衔接的填埋单元构成一个填埋层。完成的卫生填埋场是由一个或多个填埋层组成的。当土地填埋达到最终的设计高度之后，再在该填埋层之上覆盖一层90～120 cm的土壤，压实后就得到一个完整的封场了的卫生填埋场。卫生填埋场剖面图如图4.13所示。

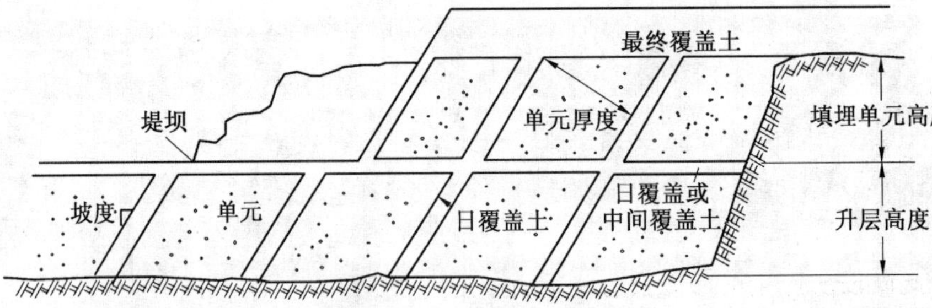

图4.13 卫生填埋场剖面图

2. 卫生填埋场的分类

依其填埋区所利用自然地形条件的不同，填埋场可大致分为以下3种类型：山谷型填埋场、坑洼型填埋场和滩涂型填埋场。

山谷型填埋场(Valley type landfill)通常地处重丘山地。垃圾填埋区一般为三面环山、一面开口、地势较为开阔的良好的山谷地形，山谷比降大约在10%以下。此类填埋场填埋区库容量大，单位用地处理垃圾量最多，通常可达25 m^3/m^2以上，经济效益、环境效益较好，资源化建设明显，符合国家卫生填埋场建设的总目标要求。山谷型填埋场的填埋区工程设施由垃圾坝、库区防渗系统、渗滤液收集系统、防排洪系统、覆土备料场、活动房和分层作业道路支线等组成。垃圾填埋采用斜坡作业法，由低往高按单元进行垃圾填埋、分层压实、单元覆土、中间覆土和终场覆土。

坑洼型填埋场(Potholes type landfill)一般地处低丘洼地，利用自然或人工坑洼地形改造成垃圾填埋区。填埋区工程设施由引流、防导渗、导气等系统组成。垃圾填埋通常采用坑填作业法，按单元进行垃圾填埋，分层压实、单元覆土、终场覆土。此类填埋场库容量不太大，单位用地处理垃圾量居中，场地排水、导渗不易解决，较多用于降雨量较少的地区。

滩涂型填埋场(Tidal-flat type landfill)地处海边或江边滩涂地形，采用围堤筑路，排水清基，将滩涂废地辟建为填埋场填埋区。填埋区工程设施由排水、防渗、导气、覆土场等组成。垃圾填埋通常采用平面作业法，按单元填埋垃圾，分层夯实、单元覆土、终场覆土。此类填埋场填埋区库容量较大，土地复垦效果明显，经济效益、环境效益较好。

3. 卫生填埋场生物降解产物

生活垃圾在倾倒入填埋场后，主要是在微生物作用下，进行有机垃圾的生物降解，并释放出填埋气体和大量含有机物的渗滤液。微生物对垃圾的降解作用由微生物对水中污染物的降解和微生物对固体物质的降解两部分组成，两种降解同时进行。

微生物对垃圾的降解自填埋后依次经历好氧分解阶段、兼氧分解阶段和完全厌氧分解阶段。垃圾降解过程图 4.14 所示。

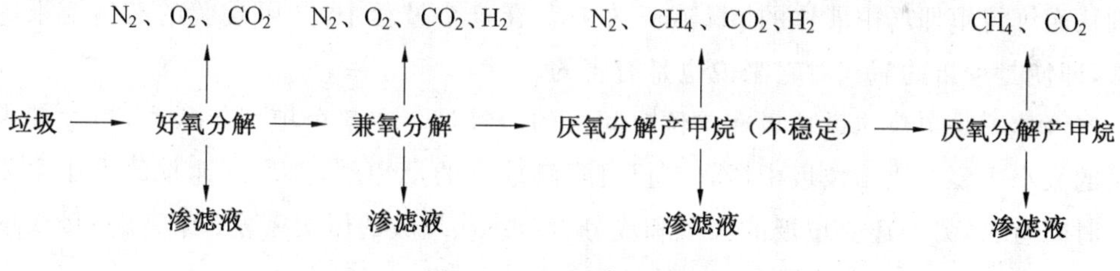

图 4.14 垃圾降解过程

第一阶段：开始的几个星期为好氧分解或产酸阶段。酸性条件为后续厌氧分解创造了条件。此阶段所产生的渗滤液有机物质浓度高，$BOD_5/COD>0.4$，$pH<6.5$。

第二阶段：好氧分解后的 11～14 d 为兼氧分解阶段。随着兼氧分解的进行，pH 和填埋气体产量都开始上升，此时也产生高浓度有机渗滤液，$BOD_5/COD>0.4$。

第三阶段：持续一年左右的不稳定产气阶段。此时 pH 上升到最大，渗滤液的污染物浓度逐渐下降，$BOD_5/COD<0.4$，填埋气体产量和产气中甲烷浓度逐步升高。

第四阶段：7 年左右的厌氧分解半衰期或稳定阶段。此时，可降解的有机物质逐渐减少，pH 保持不变，渗滤液的有机物浓度下降，$BOD_5/COD\leqslant 0.1$，填埋气体产量下降，填埋气体中甲烷浓度也逐渐下降。

填埋垃圾的分解作用受多种因素的影响，例如垃圾的组成，压实的紧密度，含有的水分量，抑制物的存在，水的迁移速度和温度等都可影响垃圾的分解。有机垃圾厌氧分解的最终产物主要是稳定的有机物、挥发性有机酸和不同种类的气体。

(1)填埋气体(Landfill gas ，LFG)的产生。

生活垃圾填埋几周后，填埋场内部的氧气消耗殆尽，为厌氧发酵提供了厌氧条件，于是生活垃圾中的有机可降解垃圾便开始了厌氧发酵过程，这一过程可简单地归纳为两个基本阶段，如图 4.15 所示。

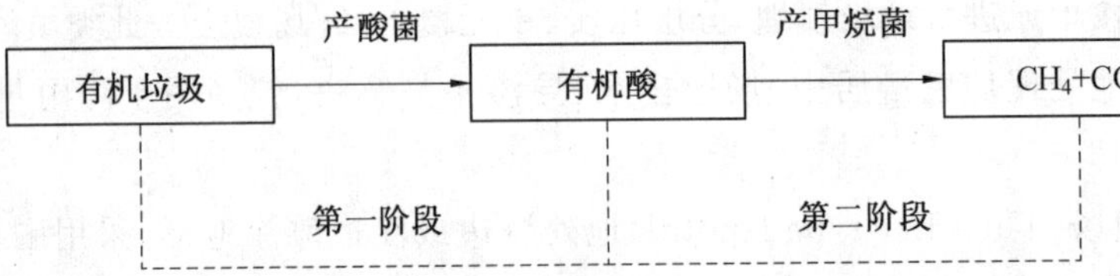

图 4.15　有机垃圾厌氧分解过程示意图

这些微生物的实际生化过程是极为复杂的。第一步是产酸阶段。倾倒的垃圾中的复杂有机物被产酸菌降解成简单的有机物，典型的有醋酸（CH_3COOH)、丙酸(C_2H_5COOH)、丙酮酸($CH_3COCOOH$)或其他简单的有机酸及乙醇。这些细菌从这些化学反应获取自身生长所需的能量，其中，部分有机垃圾转化成细菌的细胞及细胞外物质。厌氧分解的第二步是产甲烷阶段，产甲烷菌利用厌氧分解第一阶段的产物产生 CH_4 和 CO_2。形成二氧化碳的氧来自有机基质或者可能来自无机离子如硫酸盐。甲烷菌喜欢中性 pH 条件，而不喜欢酸性条件。第一阶段产生的酸往往降低了环境的 pH，如果产酸过量，甲烷菌的活性就会受抑制。如果要求产气，那就可在填埋场中加入碱性或中性缓冲剂从而维持填埋场中液体的 pH 在 7 左右。在这个过程中，产甲烷菌的产生要求绝对厌氧，即使是少量的氧气对它来说也是有害的。

产气速率是单位质量垃圾在单位时间内的产气量。在整个填埋年限内，填埋场中产气量的大小主要取决于垃圾中所含有机可降解成分的量和质，而产气速率的大小主要与填埋时间有关，另外还受垃圾的大小和成分、垃圾量、垃圾的压实密度、填埋层空隙中的气体压力含水率、pH、温度等因素的影响。

随着填埋场内部厌氧过程的进行，垃圾的大小和成分都会改变。垃圾的体积减小，增加了比表面积，从而提高了厌氧生化反应的速度，使甲烷的产率增加；垃圾的填埋时间越长，可降解有机物质含量越低，相同条件下的产气速率也就越低；垃圾的含水量是影响产气速率的重要因素，一般情况下，含水量越高则产气速度越大；甲烷的形成对 pH 要求严格，当 pH 介于 6.5～8.0 时，甲烷才能形成，甲烷发酵的最佳值是 7.0～7.2；填埋场的压实密度直接涉及空隙率的大小，从而进一步影响到填埋气体体的迁移规律，并对产气速率产生间接影响，垃圾填埋层内的气体压力与厌氧反应的速度有关，及时将填埋气体导出，减少生成物浓度及压力，有利于反应向正方向进行，从而提高了产气速率。

(2)渗滤液的产生。

填埋场的一个主要问题是渗滤液的污染控制。垃圾填埋场在填埋开始以后，由于地表水和地下水的入流，雨水的渗入以及垃圾本身的分解而产生了大量的污水，这部分污水称为渗滤液。垃圾渗滤液中污染物含量高，且成分复杂，其污染物主要产生于以下 3 个方面。

①垃圾本身含有水分及通过垃圾的雨水溶解了大量的可溶性有机物和无机物。

②垃圾由于生物、化学、物理作用产生的可溶性生成物。

③覆土和周围土壤中进入渗滤液的可溶性物质。

垃圾渗滤液的性质随着填埋场的使用年限不同而发生变化，这是由于填埋场的垃圾在稳定化过程中不同阶段的特点而决定的，大体上可以分为以下 5 个阶段。

①最初的调节：水分在固体垃圾中积累，为微生物的生存、活动提供条件。

②转化：垃圾中水分超过其持水能力，开始渗滤，同时由于大量微生物的活动，系统从有氧状态转化为无氧状态。

③酸性发酵阶段：此阶段碳氢化合物分解成有机酸，有机酸分解成低级脂肪酸，低级脂肪酸占主要地位，pH 随之下降。

④填埋气体产生：在酸化段中，由于产氨细菌和活动，使氨态氮浓度增高，氧化还原电位降低，pH 上升，为产甲烷菌的活动适宜的条件，专性产甲烷菌将酸化段代谢产物分解成以甲烷和二氧化碳为主的填埋气体。

⑤稳定化：垃圾及渗滤液中有机物得到稳定，氧化还原电位上升，系统缓慢转为有氧状态。研究表明，渗滤液污染物浓度随填埋场使用年限的增长而呈下降趋势。渗滤液的产量受多种因素的影响，如降雨量、蒸发量、地面流失、地下水渗入、垃圾的特性和地下层结构、表层覆土和下层排水设施设置情况等，其中降水量和蒸发量是影响渗滤液产量的重要因素。水质则随垃圾组分、当地气候、水文地质、填埋时间和填埋方式等因素的影响而显著变化。由于影响因素多，造成不同填埋场、不同填埋时期的渗滤液水质和水量的变化幅度很大。

(3)生活垃圾沉降。

在垃圾填埋处理过程中，垃圾堆体的滑坡是一个值得重视的问题。因此，已完工的填埋场，在决定使用它们之前，必须研究其沉降特性。影响填埋场地沉降性能的因素有：①最初的压实程度；②垃圾的性质和降解情况；③压实的垃圾产生渗滤液和填埋气体体后发生的固结作用；④作业终了的填埋高度对垃圾堆积和固结度的影响。

填埋场的均匀沉降问题不大，主要是不均匀沉降将产生一系列问题。例如，由于不均匀沉降造成的覆盖层断裂就可能在废物相变边界、填埋单元边缘和填埋场边界处出现。填埋场的总沉降量取决于废物种类、载荷和填埋技术因素，通常是废物填埋高度的 10%～20%。还有研究表明，在填埋后的前 5 年发生的沉降大约要占总沉降量的 90%。关于已完工的填埋场地集中荷载的分布，目前尚无这方面的可供参考的资料。如果需要进行有关工作，考虑到各地情况的差别很大，建议分别进行现场的荷载试验。

4.4.2 焚烧

1.焚烧的定义和目的

焚烧法(Waste incineration method)是一种高温热处理技术，即以一定的过剩空气量与被处理的有机废物在焚烧炉内进行氧化燃烧反应，废物中的有害有毒物质在800～1 200 ℃的高温下氧化、热解而被破坏，是一种可同时实现废物无害化、减量化、资源化的处理技术。

焚烧的目的是尽可能焚毁废物，使被焚烧的物质变为无害和最大限度地减容，并尽可能减少新的污染物质产生，避免造成二次污染。对于大、中型的废物焚烧厂，能同时实现使废物减量、彻底焚毁废物中的毒性物质，以及回收利用焚烧产生的废热这3个目的。目前在工业发达国家已被作为城市垃圾处理的主要方法之一，得到广泛应用。垃圾焚烧、回收能源，被认为是今后处理城市垃圾的重要发展方向。我国也正在加快开发研究的速度，以推进城市垃圾的综合利用。

焚烧法不但可以处理固体废物，还可以处理液体废物和气体废物；不但可以处理城市垃圾和一般工业废物，而且可以用于处理危险废物。危险废物中的有机固态、液态和气态废物，常常采用焚烧来处理。在焚烧处理城市生活垃圾时，也常常将垃圾焚烧处理前暂时储存过程中产生的渗滤液和臭气引入焚烧炉焚烧处理。

焚烧法适宜处理有机成分多、热值高的废物。当处理可燃有机物组分很少的废物时，需补加大量的燃料，这会使运行费用增高。但如果有条件辅以适当的废热回收装置，则可弥补上述缺点，降低废物焚烧成本，从而使焚烧法获得较好的经济效益。

2.焚烧设备及特点

(1)炉排炉。

炉排炉(图4.16)是一种垃圾焚烧设备，炉排型焚烧炉形式多样，其应用占全世界垃圾焚烧市场总量的80%以上。该类炉型的最大优势在于技术成熟，运行稳定、可靠，适应性广，绝大部分固体垃圾不需要任何预处理可直接进炉燃烧。尤其应用于大规模垃圾集中处理，可使垃圾焚烧发电(或供热)，但是不适用于处理含水量高的污泥。

(2)流化床焚烧炉。

流化床焚烧炉(图4.17)为钢壳立式圆筒炉，内衬耐火砖和隔热砖，炉子底部设有带孔的气流分布板，分布板上铺着一定厚度的载体颗粒层(一般为硅砂)。板下面通入高压热空气吹起板上的载体，使悬浮在炉膛里呈沸腾状态。此时用螺旋加料器，将废渣投入，与沸腾的载体混合进行燃烧。烧尽的细灰随烟气排出，经除尘器捕集后排空。部分比载体重的炉渣落在分布板上，设法排除。当炉渣重量与载体相等的，也可作为载体用。

该炉焚烧温度一般为750～870 ℃，此温度由辅助烧嘴和空气预热温度调节控制，预热空气由炉外另设热风炉来供给，预热空气温度由废物含水量和废物本身的发热值而定。如某种污泥含水为60%，需将空气预热到300 ℃，可达到自行焚烧；若含水为55%，则空

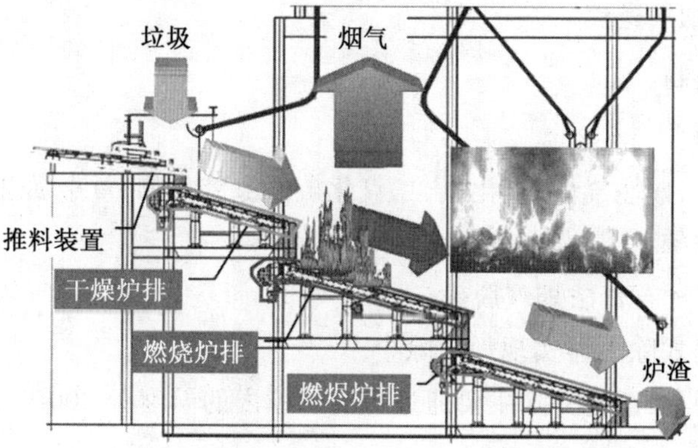

图 4.16 炉排炉

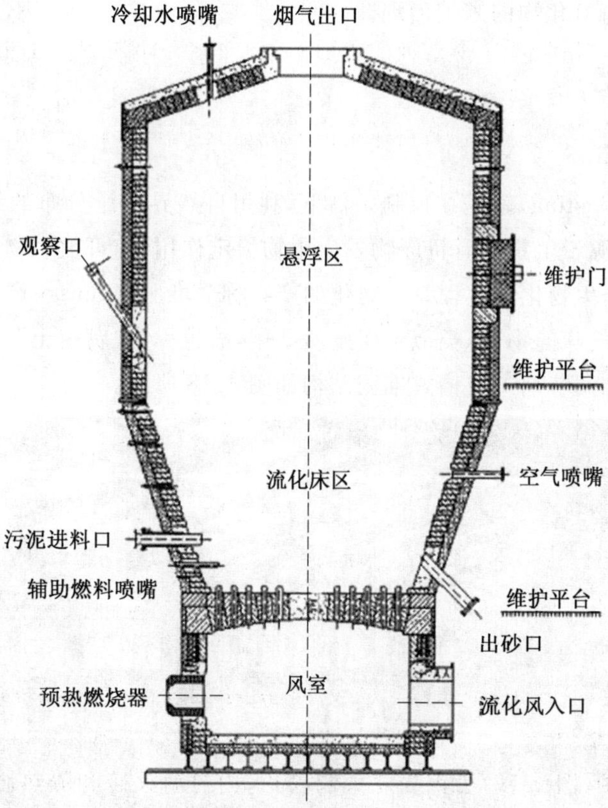

图 4.17　流化床焚烧炉

气预热温度只需 200 ℃即可。

(3)回转炉。

回转炉炉体为一长的钢质圆筒，内衬以耐火材料，炉体支承在数对托轮上，并具有3%～6%的倾斜度。炉体通过齿轮由电动机带动缓慢旋转。物料由较高的尾端加入，由较低的炉头端卸出。炉头端喷入燃料(煤粉、重油或气体燃料)，在炉内燃烧，烟气由较高一端排出(物料与烟气逆流)。

3. **二次污染控制**

①主要污染物。

烟尘(颗粒物)、酸性气体(氯化氢、二氧化硫)、氮氧化物、重金属和二噁英等。

②具体措施。

a. 采用石灰石－石膏法烟气脱硫。

b. 采用高效袋式除尘器实现烟气除尘。

c. 重金属去除、二噁英去除主要通过控制炉膛内的温度为 800 ℃以上,并保证充足的停留时间。

d. 氮氧化物控制,主要应用低氮燃烧技术减少氮氧化物的形成量,采用 SNCR 或 SCR 等方法实现氮氧化物的末端治理。

4.4.3 堆肥

1. **堆肥化定义**

堆肥化(Composting)就是在控制条件下,利用自然界广泛分布的细菌、放线菌、真菌等微生物,促进来源于生物的有机废物发生生物稳定作用,使可被生物降解的有机物转化为稳定的腐殖质的生物化学过程。堆肥化的产物称为堆肥(Compost),它是一种深褐色、质地疏松、有泥土气味的物质,类似于腐殖质土壤,故也称为“腐殖土”,是一种具有一定肥效的土壤改良剂和调节剂。料槽式堆肥结构如图 4.18 所示。

图 4.18　料槽式堆肥结构

2. 堆肥原理

根据堆肥化过程中微生物对氧气不同的需求情况，可以把堆肥化方法分成好氧堆肥(Aerobic compost)和厌氧堆肥(Anaerobic compost)两种。好氧堆肥是在通气条件好、氧气充足的条件下借助好氧微生物的生命活动降解有机物，通常好氧堆肥堆温高，一般为55～60 ℃，极限可达80～90 ℃，所以好氧堆肥也称为高温堆肥；厌氧堆肥则是在通气条件差、氧气不足的条件下借助厌氧微生物发酵堆肥。

(1)好氧堆肥原理。

有机废物好氧堆肥化过程实际上就是基质的微生物发酵过程，可用下式表示：

$$[C、H、O、N、S、P]+O_2 \rightarrow CO_2+NO_3^-+SO_4^{2-}+\text{简单有机物}+\text{更多的微生物}+\text{热量}$$

好氧堆肥过程中，有机废物中的可溶性小分子有机物质透过微生物的细胞壁和细胞膜而为微生物吸收利用。不溶性大分子有机物则先附着在微生物的体外，由微生物所分泌的胞外酶分解为可溶性小分子物质，再输送入细胞内为微生物利用。通过微生物的生命活动——合成及分解过程，把一部分被吸收的有机物氧化成简单的无机物，并提供生命活动所需要的能量，把另一部分有机物转化合成新的细胞物质，使微生物增殖。好氧堆肥过程可大致分成以下3个阶段。

①中温阶段。

这是指堆肥化过程的初期，堆层基本呈15～45 ℃的中温，嗜温性微生物较为活跃并利用堆肥中可溶性有机物进行旺盛的生命活动。这些嗜温性微生物包括真菌、细菌和放线菌，主要以糖类和淀粉类为基质。真菌菌丝体能够延伸到堆肥原料的所有部分，并会出现中温真菌的子实体。同时螨、千足虫等将摄取有机废物。腐烂植物的纤维素将维持线虫和线蚁的生长，而更高一级的消费者中弹尾目昆虫以真菌为食，缨甲科昆虫以真菌孢子为食，线虫摄食细菌，原生动物以细菌为食。

②高温阶段。

当堆温升至45 ℃以上时即进入高温阶段，在这一阶段，嗜温微生物受到抑制甚至死亡，取而代之的是嗜热微生物。堆肥中残留的和新形成的可溶性有机物质继续被氧化分解，堆肥中复杂的有机物如半纤维素、纤维素和蛋白质也开始被强烈分解，在高温阶段中，各种嗜热性的微生物的最适宜的温度也是不相同的，在温度的上升过程中，嗜热微生物的类群和种群是互相接替的。通常在50 ℃左右最活跃的是嗜热性真菌和放线菌；当温度上升到60 ℃时，真菌则几乎完全停止活动，仅为嗜热性放线菌和细菌的活动；温度升到70 ℃以上时，对大多数嗜热性微生物已不再适应，从而大批进入死亡和休眠状态。现代化堆肥生产的最佳温度一般为55 ℃，这是因为大多数微生物在45～80 ℃范围内最活跃，最易分解有机物，其中的病原菌和寄生虫大多数可被杀死(表4.1)。

③降温阶段。

在内源呼吸后期，剩下部分较难分解的有机物理和新形成的腐殖质。此时微生物的活性下降，发热量减少，温度下降，嗜温性微生物又占优势，对残余较难分解的有机物做进一步分解,腐殖质不断增多且稳定化,堆肥进入腐熟阶段,需氧量大大减少,含水率也降低。

表 4.1 几种常见病菌与寄生虫的死亡温度

名称	死亡情况
沙门氏伤寒菌	46 ℃以上不生长;55～60 ℃,30 min 内死亡
沙门氏菌属	56 ℃,1 h 内死亡;60 ℃,15～20 min 死亡
志贺氏杆菌	55 ℃,1 h 内死亡
大肠杆菌	60 ℃,15～20 min 内死亡
阿米巴属	68 ℃,2 天死亡
无钩涤虫	71 ℃,5 min 内死亡

(2)厌氧堆肥原理。

厌氧堆肥是在缺氧条件下利用厌氧微生物进行的一种腐败发酵分解,其终产物除 CO_2 和水外,还有氨、硫化氢、甲烷和其他有机酸等还原性终产物,其中氨、硫化氢及其他还原性终产物有令人讨厌的异臭,而且厌氧堆肥需要的时间也很长,完全腐熟往往需要几个月的时间。传统的农家堆肥就是厌氧堆肥。

厌氧堆肥过程主要分成以下两个阶段。

第一阶段是产酸阶段,产酸菌将大分子有机物降解为小分子的有机酸和乙醇、丙醇等物质,并提供部分能量因子 ATP。

第二阶段为产甲烷阶段。甲烷菌把有机酸继续分解为甲烷气体。

厌氧过程没有氧分子参加,酸化过程中产生的能量较少,许多能量保留在有机酸分子中,在甲烷菌作用下以甲烷气体的形式释放出来,厌氧堆肥的特点是反应步骤多,速度慢,周期长。

3. 堆肥工艺的分类

(1)按微生物对氧的需求。

①好氧堆肥。

好氧堆肥是依靠专性和兼性好氧细菌的作用使有机物得以降解的生化过程。好氧堆肥具有对有机物分解速度快、降解彻底、堆肥周期短的特点。一般一次发酵在 4～12 d,二次发酵在 10～30 d 便可完成。由于好氧堆肥温度高,可以灭活病原体、虫卵和垃圾中的植物种子,使堆肥达到无害化。此外,好氧堆肥的环境条件好,不会产生难闻的臭气。

目前采用的堆肥工艺一般均为好氧堆肥。但由于好氧堆肥必须维持一定的氧浓度,因此运转费用较高。

②厌氧堆肥。

厌氧堆肥是依赖专性和兼性厌氧细菌的作用降解有机物的过程。厌氧堆肥的特点是工艺简单。通过堆肥自然发酵分解有机物,不必由外界提供能量,因而运转费用低。若对于所产生的甲烷处理得当，还有加以利用的可能。但是，厌氧堆肥具有周期长（一般需 3～6 个月）、易产生恶臭、占地面积大等缺点，因此不适合大面积推广应用。

(2)按要求的温度范围。

①中温堆肥。

一般系指中温好氧堆肥，所需温度为 15～45 ℃。由于温度不高，不能有效地杀灭病原菌，因此目前中温堆肥较少采用。

②高温堆肥。

好氧堆肥所产生的高温一般在 50～65 ℃，极限可达 80～90 ℃，能有效地杀灭病菌，且温度越高，令人讨厌的臭气产生就会减少，因此高温堆肥已为各国公认，采用较多。高温堆肥最适宜的温度为 55～60 ℃。

(3)按堆肥过程中物料运动形式。

①静态堆肥。

静态堆肥是把收集的新鲜有机废物一批一批地堆制。堆肥物一旦堆积以后，不再添加新的有机废物和翻倒，待其在微生物生化反应完成之后，成为腐殖土后运出。静态堆肥适合于中、小城市厨余垃圾、下水污泥的处理。

②动态（连续或间歇式）堆肥。

动态堆肥采用连续或间歇进、出料的动态机械堆肥装置，具有堆肥周期短（3～7 d），物料混合均匀，供氧均匀充足，机械化程度高，便于大规模机械化连续操作运行等特点。因此，动态堆肥适用于大中城市固体有机废物的处理。但是，动态堆肥要求高度机械化，并需要复杂的设计、施工技术和高度熟练的操作人员。并且，动态堆肥一次性投资和运转成本较高。目前，动态堆肥工艺在发达国家已得到普遍的应用。

(4)按堆肥堆制方式。

①露天式堆肥。

露天式堆肥即露天堆积，物料在开放的场地上堆成条垛或条堆进行发酵。通过自然通风、翻堆或强制通风方式，以供给有机物降解所需的氧气。这种堆肥所需设备简单，成本投资较低。其缺点是发酵周期长，占地面积大，受气候的影响大，有恶臭，易招致蚊蝇、老鼠的三生。这种堆肥仅宜在农村或偏远的郊区应用，而城市是不合适的。

②装置式堆肥。

装置式堆肥也称为封闭式堆肥或密闭型堆肥，是将堆肥物密闭在堆肥发酵设备中，如发酵塔、发酵筒、发酵仓等，通过风机强制通风，提供氧源，或不通风厌氧堆肥。装置式堆肥的机械化程度高，堆肥时间短，占地面积小，环境条件好，堆肥质量可控可调等。因此，适用于大规模工业化生产。

(5)按发酵历程。

①一次发酵。

好氧堆肥的中温与高温两个阶段的微生物代谢过程称为一次发酵或主发酵。它是指从发酵初期开始，经中温、高温然后到达温度开始下降的整个过程，一般需 10～12 d，以高温阶段持续时间较长。

②二次发酵。

经过一次发酵后，堆肥物料中的大部分易降解的有机物质已经被微生物降解了，但还有一部分易降解和大量难降解的有机物存在，需将其送到后发酵仓进行二次发酵，也称后发酵，使其腐熟。在此阶段温度持续下降，当温度稳定在 40 ℃左右时即达到腐熟，一般需 20～30 d。

4.4.4 热解

1. 热解的定义及原理

热解(Pyrolysis)法是利用垃圾中有机物的热不稳定性，在无氧或缺氧条件下对之进行加热蒸馏，使有机物产生热裂解，经冷凝后形成各种新的气体、液体和固体，从中提取燃料油、油脂和燃料气的过程。垃圾热解简易示意图如图 4.19 所示。

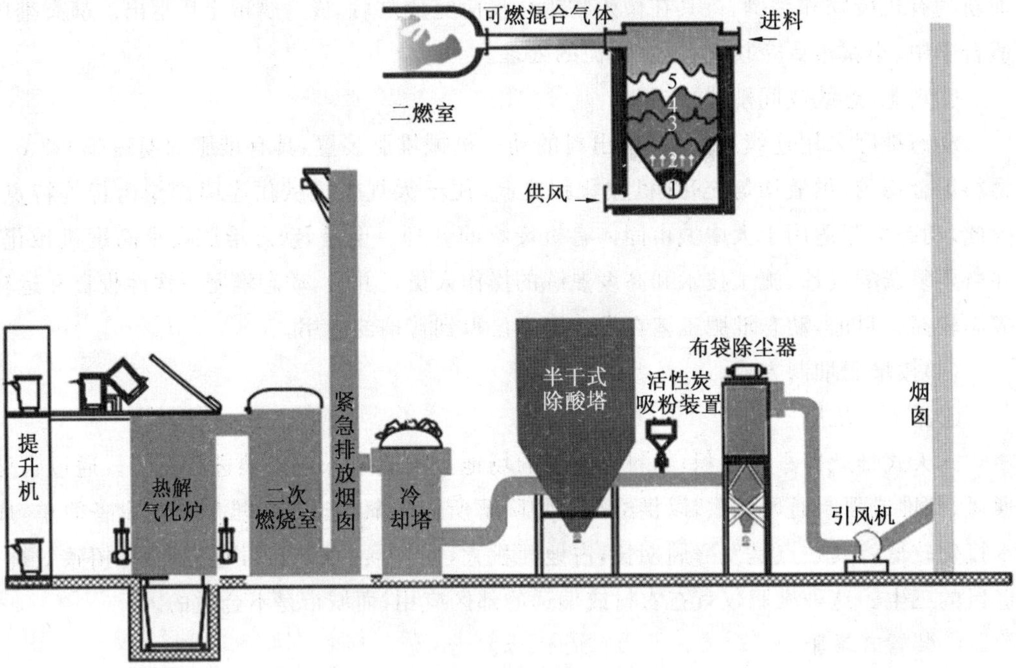

图 4.19　垃圾热解简易示意图

1—冷却段；2—燃烬段；3—碳化段；4—热解气化段；5—干燥段

热解反应可以用通式表示如下：

城市生活垃圾 $\xrightarrow{\Delta}$ 气体(H_2、CH_4、CO、CO_2)＋有机液体(有机酸、芳烃、焦油)＋固体(炭黑、炉渣)

一般认为，高温裂解(1 000 ℃以上)的产物主要是燃气；中温裂解(600～700 ℃以上)

的产物是重油类物质;低温裂解(600 ℃以下)的产物是炭黑。

热解法和焚烧法是两个完全不同的过程。首先,焚烧的产物主要是二氧化碳和水,而热解的产物主要是可燃的低分子化合物:气态的有氢气、甲烷、一氧化碳;液态的有甲醇、丙酮、醋酸、乙醛等有机物及焦油、溶剂油等;固态的主要是焦炭或炭黑。其次,焚烧是一个放热过程,而热解需要吸收大量热量。另外,焚烧产生的热能量大的可用于发电,量小的只可供加热水或产生蒸汽,适于就近利用,而热解的产物是燃料油及燃料气,便于储藏和远距离输送。

2.热解工艺

(1)按供热方式的分类。

①直接加热法。

供给被热解物的热量是被热解物(所处理的废物)部分直接燃烧或者向热解反应器提供补充燃料时所产生的热。由于燃烧需提供氧气,因而就会产生 CO_2、H_2O 等惰性气体混在热解可燃气中,稀释了可燃气,结果降低了热解产气的热值。如果采用空气作氧化剂,热解气体中不仅有 CO_2、H_2O,而且含有大量的 N_2,更稀释了可燃气,使热解气的热值大大降低。因此,采用的氧化剂是纯氧、富氧或空气,其热解可燃气的热质是不同的。如用空气做氧化剂,热解美国城市混合有机废弃物所得的可燃气,其热值一般只在 5 500 kJ/m^3(标准状态下)左右。采用纯氧作氧化剂热解,其热解气热值可达 11 000 kJ/m^3(标准状态下)。

②间接加热法。

被热解的物料下直接供热介质在热解反应器(或热解炉)中分离开来的一种方法。可利用干墙式导热或一种中间介质来做传热(热砂料或熔化的某种金属床层)。墙式导热方式由于热阻大,熔渣可能会出现包覆传热壁面或者腐蚀等问题,以及不能采用更高的热解温度等而受限;采用中间介质传热,虽然可能出现固体传热或物料下中间介质的分离等问题,但二者综合比较起来后者较墙式导热方式要好一些。

间接加热法的主要优点在于其产品的品位较高,如前所述的用同样美国的城市有机混合垃圾做物料,其产气热值可达 18 630 kJ/m^3(标准状态下),相当于用空气做氧化剂的直接加热法产气热值的 3 倍多,完全可当成燃气直接燃烧利用。但间接加热法每千克物料所产生的燃气量一产气率大大低于直接法。除流化床技术外,间接加热一般而言,其物料被加热的性能较直接加热差,从而增加了物料在反应器里的停留时间,即间接加热法的生产率是低于直接加热法的,间接加热法不可能采用高温热解方式,这可减轻对 NO_x 产生的顾虑。

对于不同的反应器型式,它们在加热方法、运行繁简和加热速度大小方面的一般性能,可以由表 4.2 反映出来。

表 4.2 不同反应器的性能

	直接加热法		间接加热法			
			墙式		中间介质	
	运行简易	加热速度	运行简易	加热速度	运行简易	加热速度
竖井炉	+	0	+	−	−	+
卧式炉	/	/	−	−	+	+
旋转窑	+	0	+	−	−	+
流化床	−	+	/	/	−	+

注:"+"表示性能好;"−"表示不好;"0"表示不好不坏;"/"表示尚无发展

(2)按热解温度的分类。

①高温热解。

热解温度一般都在1 000 ℃以上,高温热解方案采用的加热方式几乎都是直接加热法,如果采用高温纯氧热解工艺,反应器中的氧化−熔渣区段的温度可高达1 500 ℃,从而将热解残留的惰性固体(金属盐类及其氧化物和氧化硅等)熔化,以液态渣形式排出反应器,清水淬冷后粒化。这样可大大减少固态残余物的处理困难,而且这种粒化的玻璃态渣可作建筑材料的骨料。

②中温热解。

热解温度一般在600～700 ℃之间,主要用在比较单一的物料做能源和资源回收的工艺上,如废轮胎、废塑料转换成类重油物质的工艺。所得到的类重油物质既可做能源,亦可做化工初级原料。

③低温热解。

热解温度一般在600 ℃以下。农业、林业和农业产品加工后的废物用来生产低硫低灰的炭就可采用这种方法,生产出的炭视其原料和加工的深度不同,可做不同等级的活性炭和水煤气原料。

复习思考题

1.固体废弃物的危害有哪些?

2.固体废物压实的目的是什么? 压实设备有哪几种?

3.为什么要对固体废物进行破碎处理?

4.怎样根据固体废物的性质选择破碎方法?

5.垃圾风选的原理有哪些? 磁选的原理又有哪些?

6. 固体废物浓缩脱水的方法有哪几种? 试比较各自的优缺点。

7. 固体废物机械脱水的方法有哪几种? 试比较各自的优缺点。

8. 固体废物中的水分主要包含几类？采用什么方法脱除水分？

9. 固体废弃物卫生填埋有哪些优势？会产生哪些二次污染物？

10. 固体废弃物堆肥化的原理是什么？堆肥化主要有哪些类型？

11. 固体废弃物热裂解的原理是什么？不同温度下的产物有哪些？

12. 请您根据自己的经验，说说在我国实现垃圾分类的意义有哪些？主要的难点在哪里？

第5章 物理性污染控制

5.1 噪声污染控制

5.1.1 声音和噪声

随着人类科技水平的发展以及生活与生产活动的频繁和多样化，在建筑施工、工业生产、交通运输和社会生活中产生了许多影响人们生活环境的声音，这些不需要的声音称为环境噪声。从物理学的观点来看，噪声是振幅和频率杂乱断续或统计上无规则的声振动。从生理学观点来看，凡是妨碍和干扰人们正常工作学习、休息、睡眠、谈话和娱乐等的声音，即不需要的声音，统称为噪声(Noise)。为贯彻《中华人民共和国环境噪声污染防治法》，防治噪声污染，保障城乡居民正常生活、工作和学习的声环境质量，制定5类声环境功能区环境噪声标准(表5.1)。

表5.1 5类声环境功能区环境噪声标准

类别		适用区域	昼间/(dB(A))	夜间/(dB(A))
0		康复疗养区等特别需要安静的区域	50	40
1		以居住、医疗、教育、科研、办公为主要功能的区域	55	45
2		商业金融、集市贸易为主需要维护住宅安静的区域	60	50
3		以工业生产、仓储物流为主要功能的区域	65	55
4	4a	道路干线两侧、内河航道两侧区域	70	55
	4b	铁路干线两侧区域	70	60

我国《中华人民共和国环境噪声污染防治法》中以国家规定的环境噪声排放标准确定的最高限值为界限，来界定和区分环境噪声与环境噪声污染。当噪声超过国家规定的环境噪声排放标准，对他人的正常生活、工作和学习产生干扰时就形成噪声污染；超过了国家规定的环境噪声排放标准，但尚未对他人正常生活、学习、工作等活动产生干扰的，则不构成环境噪声污染。环境噪声已成为污染人类社会环境的公害之一，是与水、空气污染并列的三大污染物质。

5.1.2 环境噪声污染特征

噪声是一种感觉公害,是危害人类环境的一种特殊公害。它与大气污染、水污染和土壤污染存在很大差异,主要有以下 4 个特征。

(1)感觉性。

噪声对人的危害不仅取决于与人的生理、心理因素有直接关系,某些人喜欢的声音对另外一些人也可能是噪声。

(2)局部性。

噪声在传播过程中,随着传播距离的增加和物体的阻挡、吸收、反射而减弱,直到消失,因此它的影响和危害局限在噪声源附近。如汽车噪声污染,是以城市街道和公路干线两侧最为严重。噪声严重的工厂可对数百米内的居民区造成较大影响,尤其是夏季及晚上。

(3)暂时性。

噪声污染是一种物理性污染,没有后效作用,在环境中不积累、不持久,也不残留,声源停止发声,噪声也随之消失。

(4)分散性。

环境噪声源往往不是单一的,且分布分散,有些噪声是固定的,有些是流动的,因此这种特性使噪声无法像其他污染物一样进行集中治理。

5.1.3 噪声污染的危害

1. 噪声的生理效应

噪声对人体直接的生理效应是可引起听觉疲劳甚至造成耳聋。因噪声的过度刺激,听觉敏感性显著降低而使听力暂时下降的现象称为听觉疲劳,经过休息后可以恢复。如果长期、持续不断地受到强噪声的刺激,这种听觉疲劳就不能恢复,这是内耳感觉器官会发生器质性病变,引起耳聋或职业性听力损失。

在噪声很强的工厂里,耳聋的发病率很高。调查结果表明,在 95 dB 的噪声环境里长期工作,大约会有 29%的人丧失听力,即使噪声只有 85 dB,也会有 10%的人会发生耳聋。在 120～130 dB 的噪声场中,会令人感到耳内疼痛,如果突然暴露在高强度噪声下(140～160 dB)就会引起鼓膜破裂出血,双耳完全失聪。

噪声对人体间接的生理效应是诱发多种疾病。噪声作用于中枢神经系统会使大脑皮层的兴奋和抑制失调,造成失眠、疲劳、头痛和记忆力衰退等神经衰弱症。噪声可引起肠胃机能紊乱,消化液分泌异常和胃酸度降低等,导致胃病及胃溃疡。噪声还会对心血管系统造成损害,引起心跳加快、心律不齐、血管痉挛和血压升高,严重的可能导致冠心病和动脉硬化。

接触强烈噪声的妇女,其妊娠呕吐的发生率和妊娠高血压综合症的发生率都比较高,而且噪声使母体产生紧张反应,引起子宫血管收缩,影响供给胎儿发育所必需的养料和氧气。噪声还可导致女性性机能紊乱、月经失调、流产及早产等。国外曾对孕妇普遍发生流产和早产的某地区做了调查,结果发现她们居住在一个飞机场的周围,祸首正是飞机起飞和降落时所产生的巨大噪声。

噪声对儿童的身心健康危害更大。据统计,当今世界上有 7 000 多万耳聋者,其中相当部分是由噪声所致,而家庭室内噪声是造成儿童聋哑的主要原因,若在 85 dB 以上噪声中生活,耳聋者可达 5%。除此之外,噪声还可使少儿的智力发展缓慢。

2. 噪声的心理效应

噪声的心理效应是噪声对人们行为的影响。吵闹的噪声使人厌烦、精神不易集中,影响工作效率,妨碍休息和睡眠等,尤其对那些要求注意力高度集中的复杂作业和从事脑力劳动的人影响更大。强噪声还易分散人们的注意力,掩蔽交谈和危险信号,发生工伤事故。

3. 噪声对动物的影响

噪声可引起动物的听觉器官、内脏器官和中枢神经系统的病理性改变和损伤。研究噪声对动物的影响具有实践意义。由于强噪声对人的影响无法直接进行实验观察,因此常用动物进行实验获取资料以判断噪声对人体的影响。喷气飞机的噪声可使鸡群发生大量死亡;强噪声会使鸟类羽毛脱落,不生蛋,甚至发生内脏出血;工业噪声环境下饲养的兔子,其胆固醇比正常情况下要高得多;强烈的噪声使奶牛不再产奶,而给奶牛播放轻音乐后,牛奶的产量可大大增加。

4. 强噪声对建筑物和仪器设备的影响

一般噪声对建筑物的影响比较小,但火箭导弹声、低飞的飞机声等特强噪声对建筑物可造成一定的损害。实验表明,当噪声强度达到 140 dB 时,对建筑物的轻型结构开始有破坏作用;150 dB 以上的噪声,可使玻璃破碎、建筑物产生裂缝、金属结构产生裂纹和断裂现象;160 dB 以上,导致墙体震裂甚至倒塌。

强噪声可使电子元器件和仪器设备受到干扰、失效甚至损坏。干扰是指仪器在噪声场中使内部电噪声增大,严重影响仪器的正常工作。声失效是指电子器件或设备在高强度噪声场作用下特性变坏,以至不能工作,但当高声强条件消失后,其性能仍能恢复。声损坏则大多是声场激发的振动传递到仪表而引起的破坏。通常噪声超过 135 dB 就会对电子元器件和仪器设备造成损害。

5.1.4 噪声控制措施

1. 噪声控制的基本方法

噪声控制措施(Noise control measures)必须从环境要求、技术政策、经济条件等多方面进行综合考虑,即噪声控制设计要遵循科学性、先进性和经济性的基本原则。噪声污染控制的基本方法有管理和技术两个方面。管理控制是指用行政管理和技术管理控制噪声，而工程控制是指用技术手段治理噪声。本章就工程控制技术做主要介绍。噪声控制的基本方法如图5.1所示。

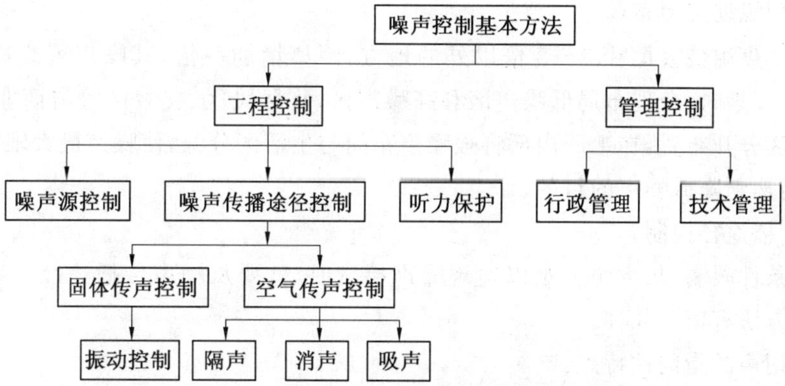

图5.1　噪声控制的基本方法

噪声源(Noise source)、噪声传播途径(Noise transmission route)、接受者(Accepter)是噪声污染发生的3个要素。只有这3个要素同时存在时，噪声才能造成对环境的污染及对人的危害。因此，控制噪声必须从这3个环节研究解决，同时将这3部分作为一个系统来综合考虑。

(1)噪声源控制。

声源是噪声能量的来源，是噪声系统中最关键的组成部分，因此从设计、技术、行政管理等方面对声源进行控制是减弱或消除噪声的最根本的方法和最有效的手段。通过研制和选用低噪声设备，改进生产工艺，提高设备的加工精度和装配技术，合理规划声源布局等，使噪声源数量减少或降低噪声源的辐射声功率，从根本上解决或降低噪声污染，使传播途径及接受者保护上的控制措施得到简化。

①改进机械设计。

在研制机械设备时，选用减振合金代替一般的钢、铝等金属材料，可使噪声大大减弱。如猛－铜－锌合金与45号钢试件对比，在同样力的作用下，前者辐射的噪声比后者降低了27 dB。

通过改进设备的结构减小噪声，具有较大潜力。如将风机叶片由直片形改成后弯形，可降低噪声10 dB。

对旋转的机械设备，改变传动装置，可收到不同的降噪效果。如以斜齿轮或螺旋齿轮代替正齿轮传动装置，可降低噪声3～10 dB，而改用皮带传动可降低噪声16 dB。

②改进工艺和操作方法。

改进工艺流程和操作方法，也是降低声源噪声的另一个重要途径。如用液压代替高噪声的捶打，用无声焊接代替高噪声铆接等。

③提高加工精度和装配质量。

机械噪声是噪声污染的一个主要来源，是指机械零部件在外力激发下振动产生的噪声。机械设备运转时，零部件之间的摩擦力、撞击力或非平衡力，使机械零部件和壳体产生振动而辐射噪声。这类噪声可通过提高机械的加工精度和装配质量来控制。

④合理规划声源布局。

距离噪声源最大尺寸 3～5 倍以外的地方，距离增加一倍，其噪声可衰减 6 dB。因此，在城市规划时，合理布局低噪声区和高噪声区，将居民区、文教区等与商业区、娱乐场所和工业区分开布置，在工厂内部将强噪声车间与生活区分开，使噪声最大限度的随距离衰减，从而达到降低噪声的目的。

(2)传播途径控制。

由于条件限制，从声源上难以实现噪声控制时，就要从噪声传播途径上考虑降噪措施。具体方法有以下几种。

①利用声源指向性特点。

声源在自由场中向外辐射声波时，声压级随方向的不同呈现不均匀的属性，称为声源的指向性。高频噪声的指向性较强，因此可改变机器设备安装方位，将噪声源指向无人空旷区或对安静要求不高的地区，从而降低噪声对周围环境的污染。如高压锅炉、高压容器的排气口朝向天空或野外，与指向生活区相比，可降低噪声约 10 dB。

②利用隔声屏障。

可利用山岗、土坡等天然屏障或通过植树、造林、设置围墙等建立隔声屏障减少噪声污染。如城市中绿篱、乔灌木和草坪的混合绿化结构宽度为 5 m 时，其平均降噪效果可达 5 dB；40 m 宽的林带可降噪 10～15 dB；街道绿化后可使噪声降低 8～10dB。

③采用声学控制技术。

当上述方法仍达不到降噪要求时，需要在工程技术上采用声学措施，包括吸声、消声、隔声、隔振、阻尼等常用噪声控制技术。

(3)接受者的防护。

噪声控制中，应优先考虑从声源或噪声的传播途径方面降低噪声。但如存在技术或经济上的困难时，可采取个人防护措施。主要有两种方法：一是应用防护用具，如耳塞、耳罩、防声头盔、防声帽、防护衣等对听觉、头部及胸腹部进行防护。一般的护耳器可使耳内噪声降低 10～40 dB，防声帽隔声量一般为 30～50 dB。当噪声量超过 140 dB 时，不但对听觉和头部有严重的危害，而且还会对胸部、腹部各器官造成极严重的危害，尤其对心脏，因此，在极强噪声的环境下，要考虑应用防护衣，以防噪、防冲击声波，实现对胸腹部的保护；二是采取轮班作业，缩短在强噪声环境中暴露的时间。实际上，在许多场所采取个人防护是一种经济而有效的方法。

2. 噪声控制技术

(1)吸声。

在未做任何声学处理的车间或房间内，壁面和地面多是一些硬而密实的材料，如混凝土天花板、抹光的墙面及水泥地面等，这些材料很容易发生声波的反射。当室内声源向空间辐射声波时，声波遇到墙面或其他物体表面，会发生多次反射形成叠加声波，称为混响声。由于混响声的叠加作用,可使噪声强度提高十多分贝。如果在房间内壁或空间里安装吸声材料或吸声结构,当声波入射到这些材料或结构表面后,部分声能被吸收,使反射声减弱,这时接收者听到的只是直达声和已减弱的混响声,总噪声级得到降低。利用吸声材料和吸声结构来降低室内噪声的降噪技术称为吸声。吸声材料的吸收原理如图 5.2 所示。

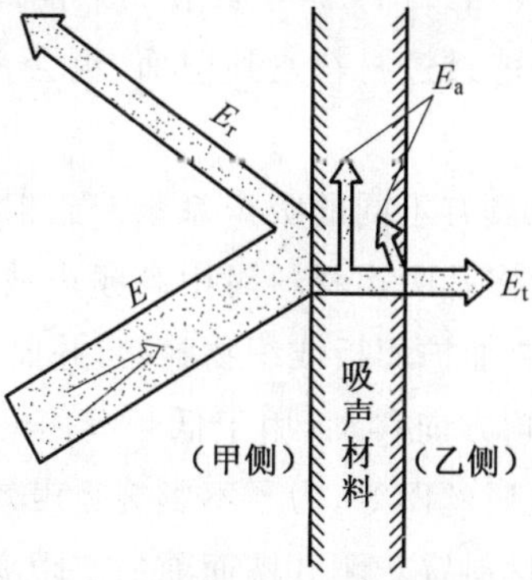

图 5.2　吸声材料的吸收原理

①吸声材料。

吸声材料(Acoustic absorbent)大多是松软多孔、透气的材料,如玻璃棉、矿渣棉、泡沫塑料、毛毡、吸声砖、木丝板、甘蔗板等。当声波遇到吸声材料时,一部分声能被反射,一部分声能向材料内部传播并被吸收,少部分声能透过材料继续传播,见表 5.2。

表 5.2　多孔吸声材料的基本类型

主要种类		常用材料举例	使用情况
纤维材料	有机纤维材料	动物纤维,毛毡	价格昂贵,使用较少
		植物纤维:麻绒、海草、椰子丝	原料来源丰富,价格便宜,防火、防潮性能差
	无机纤维材料	玻璃纤维:中粗棉、超细棉、玻璃棉毡	吸声性能好,保温隔热,不自燃,防潮防腐,应用广泛
		矿渣棉:散棉、矿棉毡	吸声性能好,松散的散棉易因自重下沉,施工扎手
	纤维材料制品	软质木纤维板、矿棉吸声板、岩棉吸声板、玻璃棉吸声板、木丝板、甘蔗板等	装配式施工,多用于室内吸声装饰工程
颗粒材料	砌块	矿渣吸声砖、膨胀珍珠岩吸声砖、陶土吸声砖	多用于砌筑截面较大的消声器
	板材	珍珠岩吸声装饰板	质轻,不燃,保温,隔热,强度偏低
泡沫材料	泡沫塑料	聚氨酯泡沫塑料、脲醛泡沫塑料	吸声性能不稳定,吸声系数在使用前需实测
	其他	泡沫玻璃	强度高,防水,不燃,耐腐蚀,价格昂贵,使用较少
		加气混凝土	微孔不贯通,使用较少

多孔吸声材料具有大量的微孔和间隙，孔隙率高，且孔隙细小，内部筋络总表面积大，有利于声能吸收。同时材料内部的微孔互相贯通，向外敞开，使声波易于进入微孔内。当声波进入吸声材料孔隙后，激发孔隙中的空气与筋络发生振动，并与固体筋络发生摩擦，由于黏滞性和热传导效应，使相当一部分声能转化为热能而消耗掉，结果使反射出去的声能大大减少。即使有一部分声能透过材料达到壁面，也会在反射时再次经过吸声材料被再次吸收。

吸声材料对于不同的频率具有不同的吸声系数。入射声波的频率越高，空气振动速度越快，消耗的声能越多，因此多孔吸声材料对中高频声波吸声系数大，对低频声波吸声系数小。多孔材料在使用时，要加护面板或织物封套，并要有一定厚度，如 3～5 cm，增加材料厚度，吸声最佳频率向低频方向移动，用于低频吸声时最好为 5～10 cm。护面板可使用穿孔钢板、穿孔塑料板、金属丝网等，为了不影响吸声效果，护面板的穿孔率应不低于 20%。实际应用时，若将多孔材料置于刚性墙面前一定距离，即材料后具有一定深度的空气层或空腔，相当于增加了材料的厚度，可改善低频的吸收效果。

②吸声结构。

在工程上，常采用空间吸声体、共振结构、吸声尖劈等技术方法来实现降噪目的。这些技术可在不同程度上达到减噪效果，且各具特色，吸声原理也不同。

Ⅰ.空间吸声体。

空间吸声体是由框架、吸声材料和护面结构组成的具有各种形状的吸声结构。它自成体系，可悬挂在有声场的空间，其各个侧面都能接触声波并吸收声能，有效吸声面积比投影面积大得多，具有吸声系数高、节省材料、装卸灵活等特点。常见的空间吸声体有板状、圆柱状、球形和锥形等，如图 5.3 所示。

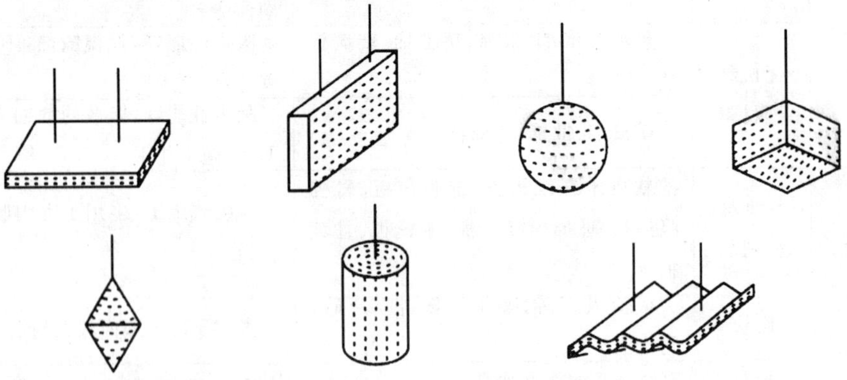

图 5.3　空间吸声体的几何形状

实践表明，当空间吸声体面积与房间面积之比为 30%～40%时，吸声效率最高，可达到整个平顶满铺吸声材料的降噪效果。吸声体的悬挂高度控制在车间净高的 1/7～1/5 处为宜。吸声体分散悬挂效果优于集中悬挂，特别是对中、高频吸声效果可提高 40%～

50%，且吸声频带较宽。

Ⅱ.共振吸声结构。

利用共振原理做成的吸声结构称为共振吸声结构。基本可分为3种类型：薄板共振吸声结构、穿孔板共振吸声结构与微穿孔板吸声结构，主要适用于对中、低频噪声的吸收。

a.薄板共振吸声结构。将薄的塑料板、金属板或胶合板等材料的周边固定在框架(龙骨)上，并将框架牢牢地与刚性板壁相结合，背后设置一定深度的空气层，这种由薄板与板后封闭空气层构成的系统称为薄板共振吸声结构。

当声波入射到薄板时，将激起板面振动，使板面发生弯曲变形，由于薄板与龙骨之间的摩擦及板本身的内阻尼，部分声能转化为热能，声波得到衰减。当入射声波频率与板系统的固有频率相同时产生共振，板弯曲变形最大，此时消耗声能最多，吸声系数最大。薄板共振结构的共振频率主要取决于板的面密度与板后空气层的厚度。在工程上，薄板厚度通常取3～6 mm，空气层厚度取3～10 cm，共振频率在80～300 Hz之间，因此通常用于低频吸声，但吸声频率范围窄，吸声系数一般在0.2～0.5之间。若在薄板与龙骨交接处放置增加结构阻尼的软材料，如海绵条、毛毡等，或在空腔中适当悬挂矿棉、玻璃棉毡等吸声材料，可改善吸声性能，展宽吸声频带宽度。

b.穿孔板共振吸声结构。在薄板上穿以一定孔径和穿孔率的小孔，并在板后与刚性壁之间留一定厚度的空腔所组成的吸声结构称为穿孔板共振吸声结构，如图5.4所示。

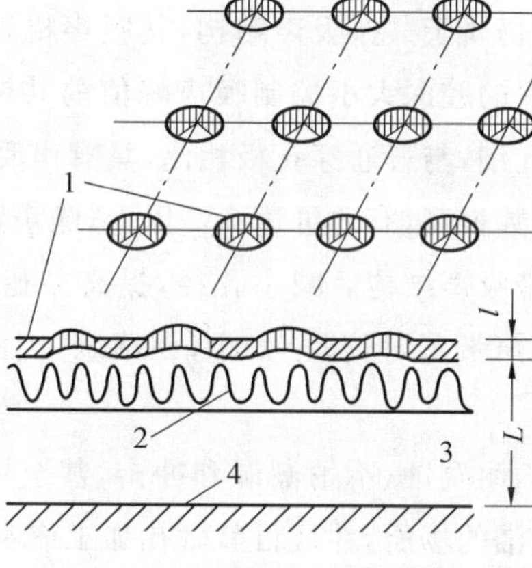

图5.4　穿孔板共振吸声结构示意图

1—穿孔板；2—多孔吸声材料；3—空气层；4—刚性壁

穿孔板共振吸声结构实际是由多个单孔共振器并联组成的共振吸声结构。当声波入射时，孔内气体柱随声波做往复运动，空气柱与孔壁发生摩擦，使声能转变为热能而损耗。当入射声波频率与共振器的固有频率一致时发生共振，此时，孔颈中空气柱振幅及振速达到最大，消耗声能最大。工程设计中，板厚一般取1.5～10 mm，孔径为2～15 mm，穿孔率为0.5%～15%，空气厚度为50～300 mm。这种结构的吸声频带较窄，在几十赫兹到200 Hz、300 Hz，主要用于吸收中、低频噪声的峰值，吸声系数为0.4～0.7。通过改进措施，如穿孔板孔径取偏小值，提高孔内阻尼；在穿孔板后贴一层透声纺织品，增加孔颈摩擦，或在板后空腔内填放适量多孔吸声材料，增加空气摩擦；采用不同穿孔率的双层穿孔板结构等，可提高吸声系数与吸声带宽。

c. 微穿孔板吸声结构。我国著名声学专家马大猷教授在普通穿孔板结构的基础上，研制出了一种新型的微穿孔板吸声结构。它是由板厚小于 1 mm，孔径小于 1 mm，穿孔率为 1%～4%的金属微孔板和空腔组成的复合结构，有单层、双层和多层之分，结构示意图如图 5.5 所示。

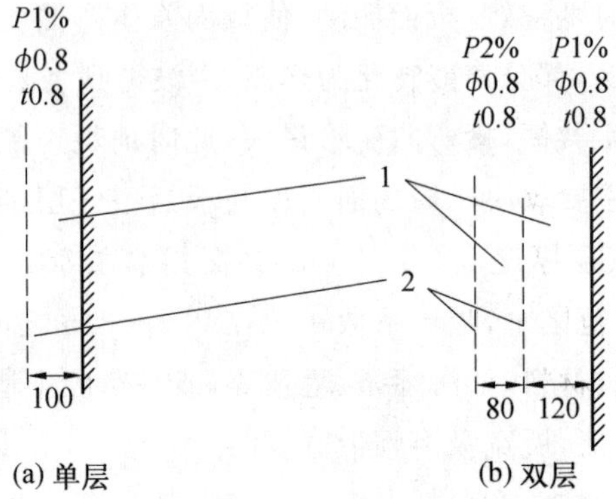

图 5.5　单层和双层微穿孔板吸声结构示意图

1—空腔；2—穿孔板

微穿孔板吸声结构实质上仍属于共振吸声结构，其吸声机理也是利用空气柱在小孔中的来回摩擦消耗声能，用板后的腔深大小控制吸声峰值的共振频率，腔越深，共振频率越低。由于微穿孔板的板薄、孔细，与普通穿孔板相比，具有声质量小、声阻大的特点。因此微穿孔板吸声结构的吸声系数很高，有的可达 0.9 以上；吸声频带宽，可达 4～5 个倍频程以上，属于性能优良的宽频带吸声结构。减小孔径，提高穿孔率，或实用双层与多层微孔板，可增大吸声系数，展宽吸声带宽，但孔径太小，易堵塞，因此多采用 0.5～1.0 mm，穿孔率以 1%～3%为宜。

微穿孔板吸声结构耐高温、耐腐蚀，不怕潮湿和冲击，甚至可承受短暂的火焰。它的缺点是孔小，易堵塞，适合于清洁的场所，并且目前微孔加工成本较高。

(2)消声。

消声器(Noise snubber)是控制空气动力性噪声的有效装置，如各种风机、空气压缩机、内燃机以及其他机械设备的输气管道等的噪声。它既能允许气流通过，又能有效地阻止或减弱声能向外传播，一般安装在空气动力设备的气流进出口或通道上。一个性能好的消声器，可使气流噪声降低 20～40 dB。消声器的种类很多，根据其原理主要分为阻性消声器和抗性消声器。

①阻性消声器。

阻性消声器(Dissipative muffler)是一种吸收型消声器，主要利用多孔吸声材料吸收声能。将吸声材料固定在气流通道上，或将其按一定方式排列于通道中，就构成了阻性消声器。当声波进入时，部分声能因克服摩擦阻力和黏滞阻力转变为热能而消耗掉，达到消声目的。这种消声器对中、高频消声性能良好，而对低频性能较差。在高温、高速的水蒸气、含尘、油雾以及对吸声材料有腐蚀性的气体中使用寿命短，消声效果较差。

阻性消声器的种类繁多，按照气流通道的几何形状可分为直管式消声器、片式消声器、折板式消声器、蜂窝式消声器和迷宫式消声器等，如图 5.6 所示。

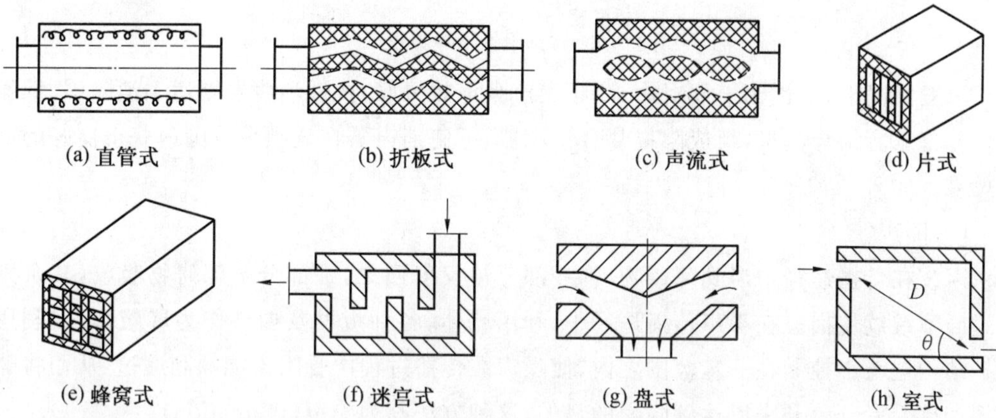

图 5.6　常见阻性消声器形式

②抗性消声器。

抗性消声器(Reactive muffler)不直接吸收声能，不使用吸声材料，而是在管道上接截面突变的管道或旁接共振腔，使某些频率的声波在声阻抗突变的界面处发生反射、干涉等现象，从而达到消声的目的。抗性消声器具有中、低频消声性能，可在高温、高速、脉动气流下工作，适用于消除空压机、内燃机和汽车的排气噪声。常用的抗性消声器有扩张室式和共振腔式两大类。

扩张室式消声器又称膨胀式消声器，如图 5.7 所示，它利用管道横截面的扩张和收缩引起的反射和干涉来进行消声。主要用于消除低频噪声，若气流通道较小也可用于消除中低频噪声。

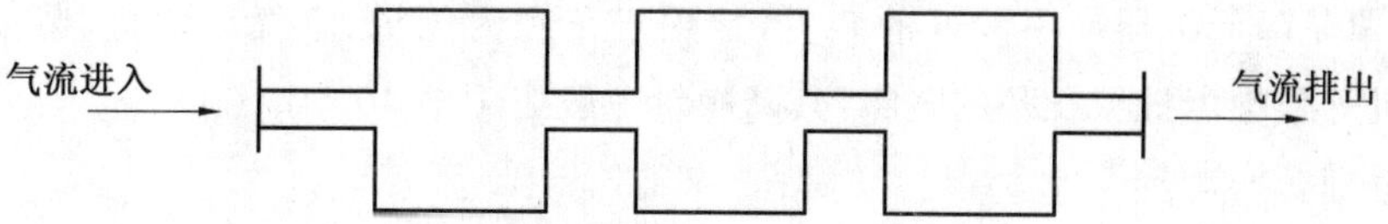

图 5.7　扩张室消声器示意图

共振腔式消声器又称共鸣式消声器，在一段气流通道的管壁上开若干个小孔，并与外面密闭的空腔相通，小孔和密闭的空腔就组成一个共振式消声器。其消声原理与共振吸声结构相同，当声波频率与消声器共振腔的固有频率一致时产生共振，小孔孔径的空气柱振动速度达到最大，消耗的声能也最大，达到消声目的。共振腔式消声器主要有同心式和旁支式两种，如图 5.8 所示。

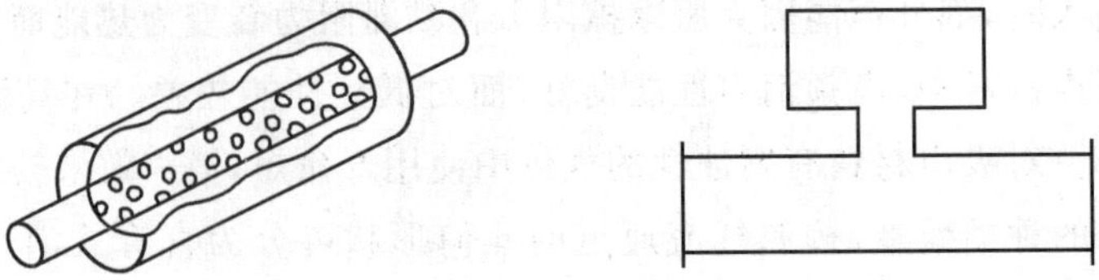

(a) 同心式　　(b) 旁支式

图 5.8　常见阻性消声器形式

一般情况下，阻性消声器对中、高频噪声吸声效果好，抗性消声器则适于消除中、低噪声。若将二者结合起来，组成阻抗复合消声器，可使消声器在宽频带范围内获得良好的消声效果。

(3)隔声。

声波在传播途径中遇到障碍物后，一部分被反射回去，一部分被障碍物吸收，其余则透过屏障继续传播。在噪声传播途径中，利用墙体、各种板材及构件作为屏蔽物，或利用围护结构把噪声控制在一定范围之内，使噪声在传播过程中受阻不能顺利通过，从而将噪声源和接受者分隔开来以达到降噪的目的，这种方法称为隔声(Insulation)。

吸声和隔声概念有本质的不同。吸声注重入射声能一侧反射声能的大小，反射声越小，吸声效果越好；隔声则侧重于入射声另一侧的透射声能的大小，透射声能越小，隔声效果越好。良好的隔声材料一般厚重而密实，而这些材料往往反射性很强，其吸声性能很差。吸声材料一般要求质轻柔软、多孔、透气性好，因此声能很容易透过材料，所以隔声性能很差。在实际应用中，吸声处理是通过吸收同一空间内的声能，达到降低室内噪声的目的。而隔声处理则用于防止相邻两个空间之间的噪声干扰。隔声量的大小与隔声构件结构、性质及入射声波的频率有关，同一构件对不同频率声波的隔声性能可能有很大差异。常用的隔声结构有隔声罩、隔声间、隔声屏等。

①隔声罩。

将噪声源封闭在一个相对小的空间内，以降低向周围辐射噪声的罩状结构，称为隔声罩。隔声罩是降低机器噪声较好的装置，常用于车间内风机、空气压缩机、柴油机、鼓风机、球磨机等强噪声机械设备的降噪，其降噪量一般在 10～40 dB。

②隔声间。

在吵闹的环境中建造一个具有良好的隔声性能的小房间，使工作人员有一个安静的环境或者将多个强声源置于上述房间，以保护周围环境的安静，这种具有良好隔声性能的房间称为隔声间。通常用于对声源难做处理的情况，如强噪声车间的控制室、观察室，声源集中的风机房、高压水泵房等。隔声间一般采用封闭式，除需要有足够隔声量的墙体外，还需设置具有一定隔声性能的门、窗或观察孔等。门、窗为了开启方便，一般采用轻质双层或多层复合隔声板制成。隔声门隔声量为 30～40 dB。

③隔声屏。

在声源与接收者之间设置不透声的屏障，阻挡声波的传播，以降低噪声，这样的屏障称为隔声屏。一般采用钢板、胶合板等材料，并在一面或两面衬有吸声材料。隔声屏目前已广泛应用于降低交通干线噪声、工业生产噪声和社会环境噪声，如在居民稠密的公路、铁路两侧设置隔声堤、隔声墙等。合理设置隔声屏的位置、高度和长度，可使接收点噪声降低 7～24 dB。隔声原理如图 5.9 所示。声波在传播过程中遇到屏障，会发生反射、透射和绕射。一般认为隔声屏可阻止直达声，并使绕射有足够衰减，而透射声可忽略不计，并在屏后形成具有较低噪声强度的声影区。隔声屏对于 2 000 Hz 以上的高频声比中频声的隔声效果好，而对于频率低于 250 Hz 的声音，由于其波长较长，容易绕过屏障，所以隔声效果较差。

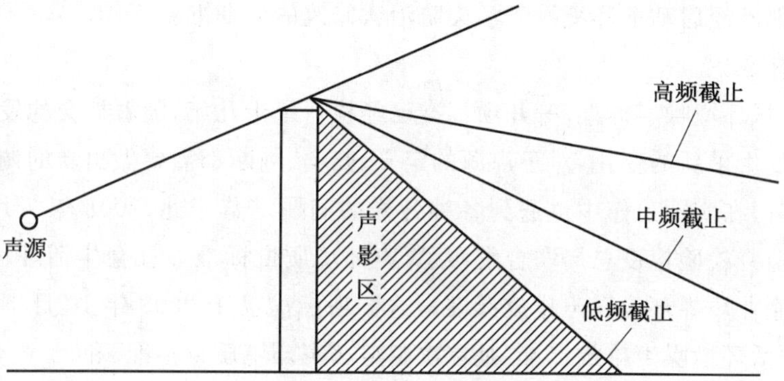

图 5.9　隔声屏隔声原理

(4)隔振。

振动源也是噪声源，隔振是通过弹性连接减少机器与其他结构的刚性连接，从而防止或减弱振动能量的传播，以达到降低噪声的目的。根据隔振目的的不同，通常将隔振(Vibration isolation)分为主动隔振和被动隔振。主动隔振也称积极隔振，其目的是减少振动的输出，降低设备的扰动对周围环境的影响，是对动力设备采取的措施；被动隔振也称消极隔振，其目的是减少振动的输入，减小外来振动对设备的影响，是对设备采取的保护措施。

常用的隔振材料或弹性元件主要有弹簧类和弹性垫类隔振器，如刚弹簧、橡胶隔振垫、软木、毛毡、泡沫塑料、气垫和玻璃纤维板等。隔振器和隔振材料的选择应首先考虑其静载荷和动态特性。隔振器一般具有低于 5～7 Hz 的共振频率。低频振动一般采用钢弹簧隔振器；高频振动一般选用橡胶、软木、毛毡、酚醛树脂玻璃纤维较好。为了在较宽的频率范围内减弱振动，可采用刚弹簧减振器与弹性垫组合减振器。隔振材料的使用寿命差别很大，刚弹簧寿命最长，橡胶一般为 4～6 年，软木为 10～30 年。

3. 声环境综合治理

环境噪声污染控制是一项系统工程，它既包括噪声控制技术，也包括合理规划和科学管理。只有通过多方面采取措施，对声环境进行综合治理，才能消除噪声对环境的污染，满足人们对环境质量的要求。

(1)环境噪声标准和法规。

①环境噪声污染防治法。

《中华人民共和国环境噪声污染防治法》于 1996 年 10 月经第八届全国人民代表大会常务委员会第二十次会议通过，自 1997 年 3 月 1 日起施行。防治法共分 8 章 64 条，对污染防治的监督管理、工业噪声污染防治、建筑施工噪声污染防治、交通运输噪声污染防治、社会生活噪声污染防治做出具体规定，并对违反其中各条规定所应受的处罚及所应承担的法律责任做出了明确规定。但是随着社会经济的快速发展，该法中的一些管理规定已经不能适应环境噪声污染防治的需要，对当前的一些新情况、新问题也难以适用，为此国家环境保护部已经启动了环境噪声污染防治法修改的前期准备工作。

②噪声标准。

《城市区域环境噪声标准》等几项标准已经执行了十几年，随着社会的发展，噪声污染的种类已经发生了新的变化，对于声源的定义、归类、判断都需要做出新的调整，而且环境监测、执法部门在实际工作中也遇到各种各样的问题。鉴于此，2008 年 7 月环境保护部和国家质量监督检验检疫总局联合发布了《声环境质量标准》《社会生活环境噪声排放标准》和《工业企业厂界环境噪声排放标准》，这 3 项标准已于 2008 年 10 月 1 日开始实施。其中《社会生活环境噪声排放标准》是首次制定，《声环境质量标准》和《工业企业厂界环境噪声排放标准》都是对原有标准进行的修订。这 3 项标准不仅与群众生产生活密切相关，而且也是环境监测、执法人员进行噪声监管的重要依据。新标准的发布，完善了国家环境噪声标准体系，扩大了标准适用范围，解决了低频噪声和城市以外区域噪声控制要求缺失的问题，同时进一步明确了标准适用对象。

《声环境质量标准》(GB 3096－2008)是对《城市区域环境噪声标准》(GB 3096－93)和《城市区域环境噪声测量方法》(GB/T 14623－93)的修订。与原标准相比，此标准主要做了 4 方面修改：一是扩大了适用区域，将乡村地区纳入标准适用范围；二是将环境质量标准与测量方法标准合并为一项标准；三是明确了交通干线的定义，对交通干线两侧 4 类区环境噪声限值做了调整；四是提出了声环境功能区监测和噪声敏感建筑物监测的要求。该标准适用于城乡 5 类声环境功能区的声环境质量评价与管理，对于与 5 类功能区有重叠的机场周围区域，明确规定不适用于本标准，应执行《机场周围飞机噪声环境标准》。但对于机场周围区域内的地面噪声，仍需要执行《声环境质量标准》。

(2)城市的合理规划。

合理地使用土地和制定建设规划，对防治环境噪声污染具有深远意义。规划中，不但要考虑目前环境噪声标准，还要对未来环境噪声污染趋势做出科学估计。

①功能区合理划分。

城市布局应按功能分区，合理规划交通干线、工业区和生活区。使住宅区、文教区、疗养院和医院等需要安静的区域，尽量避免其与工业区、商业区和交通干道的吵闹区混合，在两者之间规划商业区和绿化隔离带。采用环境噪声影响最小的布局，充分利用地形或已有建筑物的隔声效应，同时将高噪声源设置在城镇、居民区常年主导风向下风侧。

②合理规划交通干线。

避免在已有铁路线两侧和近、远期规划线路两侧建设噪声敏感区，对特殊情况需采取降噪措施，使其符合国家噪声标准；铁路应尽量布置在城市边缘外围，铁路线与站场应与建筑物之间设置防护带。将道路按不同功能和性质进行分类，交通性干道规划出城市边缘或城市中心边缘通过，避免过境车辆穿越市中心；生活性道路只允许公共交通车辆和轻型车辆通行，对货运车辆类型及通行时间进行限制；避免在交通干线两侧平行建筑高层住宅，以防影响声衰减及因声反射形成“混响声场”。

③合理布局工业区。

工厂内部总体设计时应将强噪声车间、作业场所与职工生活区分开，强噪声设备与一般生产设备分开，有利于采取减振降噪措施；考虑当地常年主导风向，将噪声污染突出或不易降噪处理的车间设置于下风向，远离居住区或办公区，应用噪声随距离衰减的特性，最大限度地降低噪声影响；布局时充分利用土坡、树木或已有建筑物等有利条件进行降噪。

④加强城市绿化，建立绿色屏障。

通过城市绿化，包括树木、草坪、花圃等，不仅可以美化环境，提高空气质量，还能促进声能衰减，降低城市噪声。绿化带的防噪降噪效果与其宽度、高度及位置等有着密切关系，因此在工程设计前，应对各种条件进行具体分析，制定出科学的绿化方案，充分发挥绿色屏障的降噪能力。

5.2 放射性污染及防治

5.2.1 放射性污染源

1. 天然辐射源

天然辐射源是自然界中天然存在的辐射源，天然辐射源所产生的总辐射水平称为天然放射性本底，它是判断环境是否受到放射性污染的基本基准。人和生物体在进化过程中，经受并适应了来自天然的各种辐射，只要其剂量不超过本底，就不会对人类和生物体造成伤害。环境中天然辐射本底主要由以下两部分组成。

(1)宇宙射线。

宇宙射线主要来源于地球的外层空间。初级宇宙射线是由外层空间射到地球大气层的高能粒子，这些粒子与大气中的氧、氮原子核碰撞产生次级宇宙射线粒子和宇生放射性核素。宇生放射性核素虽然种类不少，但在空气中含量很低，对环境辐射的实际贡献不大。

(2)原生放射性核素。

原生放射性核素是自地球形成开始，迄今为止仍存在于地壳中的放射性核素，主要有^{238}U、^{232}Th、^{235}U、^{40}K、^{14}C和^{3}H等，其中^{238}U和^{232}Th放射系中核素对人产生的剂量约占原生放射性核素产生的总剂量的80%。

2. 人工辐射源

人工辐射源是造成环境放射性污染的主要来源。

(1)核工业产生的废物。

核燃料生产和核能技术的开发利用中各环节都会产生和向环境排放含放射性物质的液体、固体和气体废物，它们是造成放射性污染的主要原因之一。难以预测的意外事故可能会泄露大量的放射性物质，造成环境污染。

(2)核武器试验。

核爆炸后，排入大气中的放射性污染物与大气中的飘尘相结合，可到达平流层并随大气环流飘逸到全球表面，最终绝大部分降落到地面并形成污染。核试验造成的全球性污染比核工业造成的污染严重得多。

(3)放射性同位素的应用。

核研究单位、科研中心、分析测试、医疗机构等使用放射性同位素进行探测、治疗、诊断和消毒，如果使用不当或保管不善，也会造成放射性环境污染。由于辐射在医学领域的广泛应用，医用射线已成为主要的人工放射源，约占全部污染源的90%。

(4)其他污染源。

某些日常生活用品使用了放射性物质，如夜光表、彩色电视机等，某些含铀、镭量高的花岗岩、钢渣砖、瓷砖、装饰材料及固体废弃物再利用制造的建筑材料等，它们的使用也会增加室内环境污染。

5.2.2　放射性污染的特点及危害

1. 放射性污染的特点

放射性污染(Radioactive pollution)是指由于人类活动造成物料、人体、场所、环境介质表面或者内部出现超过国家标准的放射性物质或者射线。由于放射性物质具有独特的性质，且排放到环境中的放射性污染物日益增多，其对环境的影响也越来越受到关注。放射性污染主要特征如下：

(1)毒性高，危害时间长。按致毒物本身质量计算，绝大多数放射性物质的毒性远远高于一般化学毒物；每种放射性物质都有一定的半衰期，从几分钟到几千年不等，在自然衰变过程中会不断发射出具有一定能量的射线，产生持续性危害。按辐射损伤产生的效应，还可能影响遗传，给后代带来隐患。

(2)放射性物质只能通过自然衰变减弱其活性,其他人为手段无法改变它的放射性活度。

(3)放射性剂量的大小,只有通过仪器检测才能知晓,而人类的感觉器官无法直接感受。

(4)射线的辐照具有穿透性,特别是 γ 射线可穿过一定厚度的屏障层。

(5)放射性物质具有蜕变能力,形态发生变化时可扩大污染范围。如^{226}Ra 的衰变子体^{222}Rn 为气态物,可在大气中逸散,而此物的衰变子体^{218}Po 为固体,易在空气中形成气溶胶,进入人体后会沉积在肺器官内。

2.放射性污染的危害

(1)放射性物质进入人体的途径。

放射性物质的照射途径有外照射和内照射两种。环境中的放射性物质和宇宙射线的照射,称为外照射;这些物质也可通过呼吸、食物或皮肤接触等途径进入人体,产生内照射。

经呼吸道进入人体的放射性物质,其吸收程度与气态物质的性质和状态有关。可溶性物质吸收快,经血液可流向全身;气溶胶粒径越大,肺部沉积越少。食入的放射性物质经肠胃吸收后,也可经肝脏进入血液分布到全身。伤口对可溶性的放射性物质吸收率极高。

不同的放射性物质进入人体后富集的组织也不同。如^{238}U 主要富集于肾脏,^{131}I 富集于甲状腺,^{32}P 和^{90}Sr 在骨骼中高度富集,^{137}Cs 则均匀分布于全身。因此放射性物质在人体内的持续照射会对某一种或几种器官造成集中损伤

(2)放射性的危害机理。

放射性物质在衰变过程中放出的 α、β、γ 及中子等射线,具有较强的电离或穿透能力。这些射线或粒子被人体组织吸收后,会造成两类损伤作用:

直接损伤:机体受到射线照射,吸收了射线的能量,其分子或原子发生电离,使机体内某些大分子结构,如蛋白质分子、脱氧核糖核酸(DNA)、核糖核酸(RNA)分子等受到破坏。若受损细胞是体细胞会产生躯体效应,若受损细胞是生殖细胞则引起遗传效应。

间接损伤:射线先将体内的水分电离,生成活性很强的自由基和活化分子产物,如 H^+、OH^-、H_2O_2、H_2O^+ 等,这些自由基和活化分子再与大分子作用,破坏机体细胞及组织的结构。

(3)放射性对人体的危害。

放射性对人体的危害程度主要取决于所受辐照剂量的大小。短时间内受到大剂量照射时,会产生近期效应,使人出现恶心、呕吐、食欲减退、睡眠障碍等神经系统和消化系统的症状,还会引起血小板和白细胞降低、淋巴结上升、甲状腺肿大、生殖系统损伤,严重时会导致死亡。

近期效应康复后或低剂量照射后,由于放射性物质的残留或积累,数日、数年甚至数代后还会产生辐射损伤的远期效应,如致癌、白血病、白内障、寿命缩短、影响生长发育等,甚至对遗传基因产生影响,使后代身上出现某种程度的遗传性疾病。

5.2.3　放射性污染的防治

放射性废物只能通过自身衰变才能使其放射性衰减到一定水平,采用一般的物理、化

学或生物方法无法改变放射性物质的放射属性。因此,放射性污染的防治要遵循防护与处理处置相结合的原则,一方面采取适当的措施加以防护,另一方面必须严格处理与处置核工业生产过程中排出的放射性废物。

1. 放射性辐射的防护

辐射防护的目的是要把受照剂量限制在安全剂量的范围之内。辐射防护的基本措施包括时间防护、距离防护、屏蔽防护、源头控制防护 4 个方面。为了尽量减少不必要的照射,上述 4 种防护通常相互配合使用。具体内容介绍如下:

(1)时间防护。

人体受到的辐射总剂量与受照时间成正比,因此可根据照射率的大小确定容许的受照时间,通过提高操作技术熟练程度,采取机械化、自动化操作,严格遵守规章制度,或采用轮流替换等方法减少人员在辐射场所的停留时间,即缩短受照时间,从而减少所接受的辐射剂量。

(2)距离防护。

点状放射性污染源的辐射剂量与污染源到受照者之间的距离的平方成反比,距离辐射源越远,接受的辐射剂量越小。因此,工作人员应尽可能远离辐射源进行操作。

(3)屏蔽防护。

根据放射性射线在穿透物体时被吸收和减弱的原理,可在辐射源与受照者之间放置能有效吸收射线的屏蔽材料来降低辐射强度。各种射线穿透能力不同,因此应根据实际情况选择不同的屏蔽材料。α 射线穿透能力较弱,一般可不考虑屏蔽问题;β 射线穿透能力较强,通常采用铝板、塑料板、有机玻璃和某些复合材料进行屏蔽;γ 射线和 X 射线穿透能力很强,应采用铅、铁、钢或混凝土构件等具有足够厚度和容重的材料;中子射线一般采用含硼石蜡、水、聚乙烯、锂、铍和石墨等作为慢化和吸收中子的屏蔽材料。实际工作中,时间和距离防护往往有限,因此屏蔽防护是最常用的防护方法。

(4)源头控制防护。

放射性污染的防治最重要的就是要控制污染源,并加强对污染源的管理。作为放射性污染的主要来源,核工业厂址应选在人口密度低、抗震强度高、水文和气象条件有利于废水废气扩散或稀释的地区,同时应加强对周围环境介质中放射性水平的监测。在有开放性放射源的工作场所,如铀矿的水冶厂、伴有天然放射性物质的生产车间和放射性"三废"物质处理处置场所等,要设置明显的危险警示标记,避免闲人进入发生意外事故。

近年来,随着人们生活水平的提高及居住条件的改善,由室内装修引发的放射性污染事件屡有发生。为防止放射性危害,室内设计时应避免过度装修;在选购花岗岩、大理石材、瓷砖等装饰装修材料及利用工业废渣为原料的建筑材料时应注意其放射性水平的检测;新装修居室不要急于入住,注意开窗通风。此外应加强建材市场的监督管理,防止放射性超标的建筑及装饰装修材料进入市场。

5.3 电磁辐射污染及防治

5.3.1 电磁辐射污染源

电磁辐射(Electromagnetic radiation)的来源广泛,包括天然污染源和人为污染源两类。

1. 天然污染源

天然电磁辐射是由某些自然现象引起的,最常见的是雷电。另外,火山喷发、地震、太阳黑子活动引起的磁暴、太阳辐射、电离层的变动、新星大爆发和宇宙射线等都会产生电磁波,可对广大地区产生从几千赫到几百兆赫以上频率范围的严重电磁干扰。

2. 人为污染源

环境中的电磁辐射主要来自人为电磁辐射源,主要产生于人工制造的电子设备和电气装置。按频率不同划分如下。

(1)以脉冲放电为主的放电型场源。如切断大电流电路时产生火花放电,其瞬时电流变化率很大,会产生很强的电磁干扰。

(2)以大功率输电线路为主的工频、交变电磁场。如大功率电机、变压器以及输电线等会在近场区产生严重的电磁干扰。

(3)无线电等射频设备工作时产生的射频场源。如无线电广播与通讯等射频设备的辐射,频率范围宽,影响区域较大,对近场区的工作人员可造成较大危害。射频电磁辐射已经成为电磁污染环境的主要因素。人为电磁辐射污染源见表5.3。

表5.3 人为电磁辐射污染源

分类		设备名称	污染来源与部件
放电所致污染源	电晕放电	电力线(送配电线)	由于高电压、大电流引起的静电感应,电磁感应、大地漏电所造成
	辉光放电	放电管	白灯光、高压水银灯及其他放电管
	弧光放电	开关、电气铁道、放电管	点火系统、发电机、整流装置等
	火花放电	电气设备、发动机、冷藏车、汽车	整流器、发电机、放电管、点火系统
工频辐射场源		大功率输电线、电气设备、电气铁道	高电压、大电流的电力线场电气设备
射频辐射场源		无线电发射机、雷达	广播、电视与通信设备的震荡与发射系统
		高频加热设备、热合机、微波干燥机	工业用射频利用设备的工作电路与震荡系统
		理疗机、治疗机	医学用射频利用设备的工作电路与振荡系统
建筑物反射		高层楼群以及大的金属构件	墙壁、钢筋、吊车

5.3.2　电磁辐射污染的危害

1. **危害人体健康**

规定范围内的电磁辐射对人体的作用是积极和有益的，如市场出售的理疗机就是利用电磁辐射的温热作用达到消除炎症和治疗的目的。然而，当人体受到高强度的电磁辐射后，就可能引起某些疾病。当生物体暴露在电磁场中时，大多部分电磁能量可穿透机体，少部分能量被吸收。由于生物体内有导电体液，能与电磁场相互作用，产生电磁场生物效应，可分为热效应和非热效应。

热效应是指电磁波照射生物体时引起器官加热导致生理障碍或伤害的作用。这是因为生物体内的极性分子，在电磁场的作用下快速重新排列方向与极化，变化方向的分子与周围分子发生剧烈的碰撞而产生大量的热能。热效应引起体内温度升高，如果过热会引起损伤，一般以微波辐射最为显著。另外，不同的人或不同器官对热效应的承受能力有很大差别。老人、儿童、孕妇属于敏感人群，心脏、眼睛和生殖系统属于敏感器官。如男性照射微波过久会引起暂时性不育，甚至永久性不育，对女性则会造成多次流产、死胎或畸胎；微波还可使眼睛疲劳、干涩，严重的还可引起眼内流体混浊、视力下降、出现白内障，甚至完全丧失视力。

非热效应是指电磁波对生物体组织加热之外的其他特殊生理影响。如导致白细胞、血小板减少，出现心血管系统和中枢神经系统机能障碍，记忆力衰退等；还可能会影响人体的循环系统、免疫功能、生殖和代谢功能，严重的甚至会诱发癌症。

电磁波辐射对人体危害程度由大到小依次为：微波、超短波、短波、中波、长波。波长越短，危害越大。微波对人体危害的一个显著特点是累积效应，即在伤害恢复前如再次接受电磁波照射，其伤害会发生积累。久而久之会造成永久性病变。

电磁辐射污染广泛存在于人们的日常生活中。如微波炉是目前所有家电中电磁场最强的，手机的工作频率为微波波段，可产生较强的电磁辐射。家用电器有的虽然电磁辐射强度比较弱，但其对人体作用时间较长，因此对人体产生的危害也不容忽视。

2. **通信系统干扰及其他影响**

大功率的电磁设备会严重干扰其辐射范围内的各种电子仪器设备的正常工作，使其发生故障，甚至造成事故。如移动电话的工作频率会干扰飞机与地面的通信信号和飞机仪器的正常工作，引起导航系统偏向，对飞行安全造成严重威胁；电磁辐射能干扰人们收看电视机以及对广播、电话等的收听；干扰计算机的正常使用，使显示器屏幕发生抖动，还可能造成死机；使无线电通信、雷达及电气医疗设备等失去信号、图像失真、控制失灵及发生故障。

高频辐射可使金属器件互相碰撞时打火而引起易燃易爆物品的燃烧或爆炸等严重事故，危及人身及财产安全。

5.3.3　电磁辐射污染的防治

电磁辐射污染必须采取综合防治的方法，才能取得更好的效果。防治原则为：首先控制电磁辐射污染源，对产生电磁波的各种电气设备和产品，提出严格的设计指标，减少电磁泄漏；通过合理的工业布局，使电磁污染源远离居民稠密区；对已经进入环境中的电磁辐射，采取一定的技术防护措施，以减少对人及环境的危害。

1. 电磁辐射源控制

主要是通过产品设计，合理降低辐射强度。包括合理设计发射单元，工作参数与输出回路的匹配，线路滤波、线路吸收和结构布局等，以保证元件、部件等级上的电磁兼容性，减少电子设备在运行中的电磁漏场、电磁漏能，使辐射降低到最低限度。从源头控制电磁辐射污染属于主动防护，是最有效、最合理、最经济的防护措施。

2. 合理规划布局

加大对电磁辐射建设项目的管理力度，合理规划城市及工业布局。可能产生严重电磁辐射污染的新建、改建和扩建项目，以及电台、电视台、雷达站等有大功率发射设备的项目，必须严格按照有关规定执行；根据电磁辐射能量随距离的增加迅速衰减的原理，将电子设备密集使用的部门和企业集中到某一区域，划定有效安全防护距离，并设置安全隔离带，如建立绿化隔离带，利用植物吸收作用防止电磁辐射污染等。加强管理，对已建辐射污染源，根据实际情况要求其搬迁或整改。通过以上措施使电磁辐射污染远离人口稠密的居民区和一般工业区，将城市居民区电磁辐射控制在安全范围内。

3. 屏蔽防护

(1)屏蔽防护原理。

利用某种能一直电磁辐射能扩散的材料，将电磁场源与环境隔离开，使辐射能限定在某一范围内，达到防止电磁辐射污染的目的，这种技术称为屏蔽防护，所采用的材料为屏蔽材料。这是目前应用最多的一种防护手段。

当电磁辐射作用于屏蔽体时，因电磁感应，屏蔽体产生与场源电流方向相反的感应电流而生成反向磁力线，可以抵消场源磁力线，达到屏蔽效果。

屏蔽材料应具有较高的导电率、磁导率或吸收作用。铜、铝、铁和铁氧体对各种频段的电磁辐射都有较好的屏蔽效果。另外，也可选用涂有导电涂料或金属镀层的绝缘材料。一般电场屏蔽多选用铜材，而磁场屏蔽选用铁材。屏蔽体的结构形式有板结构和网结构两种，网结构的屏蔽效率一般高于板结构。为避免产生尖端效应，屏蔽体的几何形状一般设计为圆柱形。

(2)屏蔽方式。

根据场源与屏蔽体的相对位置，屏蔽方式可分为主动场屏蔽和被动场屏蔽。

①主动场屏蔽。将场源置于屏蔽体内部，即用屏蔽壳体将电磁辐射污染场源包围起

来，使其不对此范围以外的生物机体或仪器设备产生影响。屏蔽体结构严密，与场源间距小，可屏蔽强度很大的辐射源。屏蔽壳必须良好接地，防止屏蔽体成为二次辐射源。

②被动场屏蔽。将场源放置于屏蔽体外，即用屏蔽壳体将需保护的区域包围起来，使场源对限定范围内的生物体及仪器设备不产生影响。屏蔽体与场源间距大，屏蔽体可以不接地。

4. 吸收防护

采用对某种辐射能量具有强烈吸收作用的材料，敷设于场源外围，以防止大范围污染。吸收防护是利用吸收材料在电磁波的作用下达到匹配或发生谐振的原理，是减少微波辐射的一项有效措施。吸收防护可在场源附近大幅衰减辐射强度，多用于近场区的防护。目前常用的电磁辐射吸收材料可分为以下两类。

(1)谐振型吸收材料：是利用材料谐振特性制成的，特点是厚度小，对频率范围较窄的微波辐射具有较好的吸收效率。

(2)匹配型吸收材料：是利用吸收材料和自由空间的阻抗匹配，达到吸收微波辐射的目的。特点是适用于吸收频率范围很宽的微波辐射。实际应用的材料很多，一般在塑料、胶木、橡胶、陶瓷等材料中加入铁粉、石墨、木料和水制成，如泡沫吸收材料、涂层吸收材料和塑料板吸收材料等。

5. 个人防护

因工作需要从事专业技术操作的技术人员，必须进入辐射污染区时，或因某些原因不能对辐射源采取有效的屏蔽、吸收等措施时，必须采取个人防护措施，以保护作业人员的安全。个人防护措施主要有穿防护服、戴防护头盔和防护眼镜等。

许多家用电器虽然辐射能不大，但集中摆放，长时间、近距离的接触都会对人的健康造成很大威胁，因此科学使用家用电器非常必要。如避免家用电器摆放过于集中或经常一起使用；保持与电磁辐射源 1.5 m 以上的安全距离；不使用的电器关闭电源；手机响过一两秒后再接听电话，避免充电时通话；保持良好的工作环境，经常通风换气等。

复习思考题

1. 噪声控制的基本方法有哪些？
2. 什么是吸声和吸声系数？吸声的原理是什么？
3. 吸声材料和吸声结构各有什么特点？
4. 消声技术的原理是什么？主要分类有哪些？
5. 什么是隔声技术？主要有哪些装置？
6. 什么是隔振？主要有哪几类及各自特点是什么？
7. 通过城市合理规划减少环境噪声污染，可采取哪些措施？
8. 放射性物质主要有哪几类？放射性污染的防治措施有哪些？
9. 简述电磁辐射污染的危害及防治技术。

第6章　土壤污染的防治

6.1　土壤环境污染

土壤污染是指进入土壤中的有害、有毒物质超出土壤的自净能力，导致土壤的物理、化学和生物学性质发生改变，降低农作物的产量和质量，并危害人体健康的现象。污染使土壤生物种群发生变化，直接影响土壤生态系统的结构与功能，导致生产能力退化，并最终对生态安全和人类生命健康构成威胁，被称为“看不见的污染”。因此，认识并了解土壤污染这一现象，提高公众的土壤保护意识，对预防和治理土壤污染至关重要。

6.1.1　土壤污染现状

随着工业化、城市化、农业集约化的快速发展，大量未经处理的废弃物向土壤系统转移，并在自然因素的作用下汇集、残留于土壤环境中。据估计，我国受农药、重金属等污染的土壤面积达上千万公顷，其中矿区污染土壤达 200 万 hm^2（$1\ hm^2=1\times10^4\ m^2$）、石油污染土壤约 500 万 hm^2、固废堆放污染土壤约 5 万 hm^2，已对我国生态环境质量、食品安全和社会经济持续发展构成严重威胁。污染物质的种类主要有重金属、农药、有机污染物、放射性核素、病原菌/病毒及异型生物质等。土壤中的重金属、农药和有机污染物（特别是持久性有机污染物）是目前土壤污染治理的重点。

6.1.2　土壤污染特点

可见，我国土壤污染退化已表现出多源、复合、量大、面广、持久、毒害的现代环境污染特征，正从常量污染物转向微量持久性毒害污染物，尤其在经济快速发展地区。我国土壤污染退化的总体现状已从局部蔓延到区域，从城市、城郊延伸到乡村，从单一污染扩展到复合污染，从有毒有害污染发展至有毒有害污染与氮磷污染的交叉，形成点源与面源污染共存，生活污染、农业污染和工业污染叠加，各种新旧污染与二次污染相互复合的态势。

6.2 土壤重金属污染

6.2.1 土壤重金属的来源及污染危害

土壤是环境要素的重要组成部分，承担着环境中大约90%的来自各方面的污染物。土壤中重金属元素来源途径有自然来源和人为干扰输入。自然因素中，重金属是地壳构成的部分元素，成土母质和成土过程对土壤重金属含量的影响很大，使得重金属在土壤环境中分布广泛；人为因素中，主要来自工业、交通和农业生产等引起的土壤重金属污染。对于污染物来源的鉴别，微观上使人们认识污染元素在土壤中的化学行为及其与植物与环境的关系等方面的机理提供重要的证据；宏观上是对环境质量现状、污染程度进行正确评价和对污染源进行准确、有效治理的前提。

1. 土壤重金属的来源

(1)大气干湿沉降。

由于次煤、石油的燃烧和交通工具使用含铅汽油使空气含有大量的重金属，国外在20世纪70年代就已对大气重金属干湿沉降有了一定的研究，但当时对其重视不足。到了20世纪90年代后，由于工业废水排放造成的水体和土壤重金属污染得到有效治理，但部分地区土壤重金属浓度却在不断增加，研究发现这是由于大气中重金属干湿沉降造成的。据报道许多工业发达国家大气沉降对土壤系统中重金属积累贡献率在各种外源输入因子中排首位。研究人员采用室内模拟试验的方法，研究了大气重金属污染对土阵汞累积的影响，说明大气重金属可直接沉降到土壤中或被土壤吸附，也可以为植物吸收而向土壤传输。

(2)污水的灌溉。

随着城市工业的发展和城市化进程的加快，水资源已经逐渐缺乏，部分工业废水未经处理直接排入河流，使得污水灌溉成为农业灌溉用水的重要组成部分。目前我国每年排放的污水量已超过620亿t，在农田灌溉中利用超标污水进行作物灌溉会引起土壤中8种金属污染。据不完全统计，我国由于污灌而引起土壤重金属污染的面积已达217万hm^2，可见污水灌溉引起的土壤重金域污染已相当严重，已对农业生产产生了很大的不良影响。另外含重金属浓度较高的污染表土。容易在降水的作用下分别进入水体中，进而进入到农业灌溉中也是一个主要原因。

(3)农业生产。

重金属污染对农作物的生长、产量、品质均有较大的危害，尤其是被作物吸收富集，进入食物链对人畜健康构成潜在危险。由于农用化肥的大量投入，造成农田土壤的污染，严重影响农产品的质量。肥料在促进生物生长的同时，也会带入一些重金属，造成重金属元素在土壤中的积累。

在污水处理普及率高的地区，污泥农用成为农田土壤重金属污染的主要来源之一。污泥施用于农田可以肥田，起到改良土壤结构和增产的作用，但是由于工业的发展，污泥中都程度不同地含有重金属和其他有害物质，尤其是城市污水处理厂产生的污泥以及有工业废水排入的江河湖泊中的底泥。

2. 重金属污染现状

在 2005 年到 2013 年的 12 月，我国土地管理局第一次开展了有关全国土壤污染情况的调查研究。按照我国在 2014 年由国土资源部和环保部共同发布的有关《全国土壤污染状况调查公报》所公示的调查结果看：当前我国土壤生态环境的状况整体来讲十分严峻，特别是重金属污染问题，更是极为严重。在我国一些废弃工矿所在区域的周边位置，土壤的重金属污染问题十分突出。其中，我国有 16.1% 的土壤，重金属污染总超标率相对较重，11.2% 超标率属于轻微范围；而轻度超标率和中度以上的超标率分别达到了 2.3%和 2.6%。

3. 重金属污染的危害

同其他土壤污染类型相比，重金属污染本身的隐匿性、长期性、不可逆性较强，且这种污染问题一旦出现，则很难消逝。一旦重金属污染存在于土壤中，不仅很难被移动，还会长时间滞留在其产生区域，不断污染周边土壤。与此同时，重金属污染物不仅无法被微生物有效降解，还会借助植物、水等介质，被动植物所吸收，而后进入到人类食物链之中，对人体健康产生威胁。

重金属污染对作物生产造成不利影响。因为重金属污染物在土壤与作物系统迁移的过程中，会对作物正常的生长发育和生理生化产生直接影响，从而降低作物的品质与产量。例如，镉属于对植物生长危害性较大的重金属，如果土壤镉含量较高，植物叶片上的叶绿素结构就会被破坏，根系生长被抑制，阻碍根系吸收土壤中的养分与水分，降低产量；会对人体生命健康产生影响。土壤中存在的重金属污染物可以借助食物链对人体健康造成危害。例如，汞进入人体后被直接沉入到肝脏中，破坏大脑的视神经。

6.2.2　土壤重金属治理方法

1. 工程治理法

工程治理法（Engineering management method）是通过利用化学或者是物理学中的相关原理，对土壤中的重金属污染问题展开有效治理的一种方法。现阶段，工程治理法主要包括热处理法、淋洗法（图 6.1）与电解法等。但该项方法处理过程和处理工艺复杂，需要花费的成本高，且经过该方法处理后的土壤，其本身的肥力会有所降低。

2. 生物治理法

生物治理法指的是借助生物在生长过程中的一些习性，来达到改良、抑制、适应重金

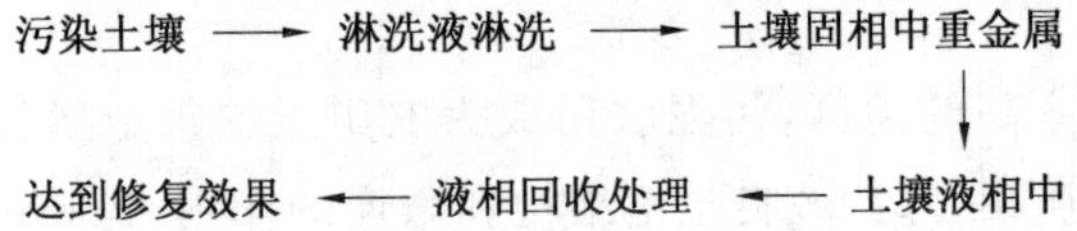

图 6.1　淋洗法

属污染的目的。在该项治理方法中最为常见的就是微生物、植物和动物治理法。以植物治理重金属有以下 4 个方面的作用。

植物固定(Phytostabilization):利用植物降低重金属的生物可利用性或毒性,减少其在土体中通过淋滤进入地下水或通过其他途径进一步扩散。根分泌的有机物质在土壤中金属离子的可溶性与有效性方面扮演着重要角色。根分泌物与金属形成稳定的金属螯合物可降低或提高金属离子的活性。根系分泌的黏胶状物质与 Pb^{2+}、Cu^{2+} 和 Cd^{2+} 等金属离子竞争性结合,使其在植物根外沉淀下来,同时也影响其在土壤中的迁移性。但是,植物固定可能是植物对重金属毒害抗性的一种表现,并未去除土壤中的重金属,环境条件的改变仍可使它的生物有效性发生变化。

植物挥发(Phytovolatilization):植物将吸收到体内的污染物转化为气态物质,释放到大气环境中。研究表明,将细菌体内的 Hg 还原酶基因转入芥子科植物 *Arabidopsis* 并使其表达,植物可将从环境中吸收的 Hg 还原为 Hg(O),并使其成为气体而挥发。也有研究发现,植物可将环境中的硒转化成气态的二甲基硒和二甲基二硒等气态形式。植物挥发只适用于具有挥发性的金属污染物,应用范围较小。此外,将污染物转移到大气环境中对人类和生物有一定的风险,因此其应用受到一定程度的限制。

植物吸收(Phytoextraction):利用能超量积累金属的植物吸收环境中的金属离子,将它们输送并储存在植物体的地上部分,这是当前研究较多且认为是最有发展前景的修复方法。能用于植物修复的植物应具有以下几个特性:对低浓度污染物具有较高的积累速率;体内具有积累高浓度污染物的能力;能同时积累几种金属;具有生长快与生物量大的特点;抗虫抗病能力强。但植物吸收后其叶上部分脱落又回到地面进入土壤可能造成二次污染。

植物降解(Phytodegradation):植物降解一般对某些结构较简单的有机污染物去除效率很高,对结构复杂的污染物质则无能为力。根际生物降解修复方式实际上是微生物和植物的联合作用过程,其中微生物在降解过程中起主导作用。植物修复是一种天然、洁净、经济的去除污染物的方法,但是利用植物修复是相对漫长的过程,要花数年时间才能把土壤中的重金属含量降到安全或可接受的水平,因为已发现的大部分金属超积累植物不但生长缓慢而且植株矮小。常见吸附土壤重金属的植物见表 6.1。

生物治理(Bioremediation)是利用鼠类和蚯蚓等动物能够吸收重金属的特性;植物治理则是利用植物积累到一定程度可以清除重金属污染,对重金属具有忍耐力的特质。与工程治理法相比,生物治理方式投资相对较小、管理便利、对环境破坏性小等优势,但治理时间较长。例如,选择使用印度芥菜可以在含有 Cu、Pb、Zn 等土壤条件下生长,可对其中的铜离子、锌等具有很好的富集效果。生物治理具有投资少、易管理，对环境的破坏小等诸多优势，但不足之处是治理慢等。

表 6.1　常见吸附土壤重金属的植物

植　　物	修复土壤重金属
小花南芥	修复 Pb、Zn 复合污染
蜈蚣草	修复 As 污染
东南景天	修复 Cd、Pb、Zn、Cu 复合污染
花葵、油菜	修复 Cd 污染

3. 化学治理法

化学治理法(Chemical treatment)是通过向已经被重金属污染的土壤中投入适量的抑制剂和改良剂等其他化学物质的方式，增加有机质、阳离子等在土壤中代换量和黏粒含量，来改变被污染土壤电导、Eh、pH 等其他理化性质，使重金属可以通过还原、氧化、拮抗、吸附、沉淀、抑制等化学作用被有效消除。例如向土壤中投放钢渣，它在土壤中容易被氧化成铁的氧化物，对铜、锂、锌等离子具有很好的吸附、共沉淀作用，实现固定金属效果，沈阳张士污灌区大面积石灰改良，在每公顷土壤中投入 1 500～1 875 kg 的石灰，含镉量下降了 50%。化学修复法如图 6.2 所示。

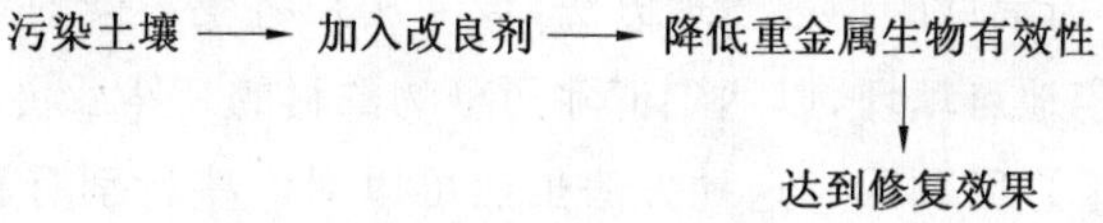

图 6.2　化学修复法

6.3　土壤有机物污染

6.3.1　土壤有机污染物的来源、种类

土壤的有机污染物主要分为天然的有机污染物和人工合成的有机污染物两类。天然有机污染物主要是由生物体的代谢活动及其他化学过程产生的，如萜烯类、黄曲霉类、麦角、细辛脑、草蒿脑等；人工合成的有机污染物来源广泛，它由酚、油类、多氯联苯、苯并芘等组分构成。主要污染源有农业污染源、工业污染源、交通运输污染源、生活污染源 4 大类。

农业污染源是指有含有有机磷类(敌敌畏、马拉硫磷、对硫磷等)，有机氯类(六六六、DDT、狄氏剂等)、氨基甲酸酯类(杀虫剂、除草剂等)的农药，含有氮和磷的化学肥料以及一些农业垃圾的堆放等。

工业污染源主要是有一些石灰、水泥、油漆、塑料等难降解的建筑废弃物和工业污水的灌溉等。

交通运输污染源主要是汽车尾气等的排放。

生活污染源是指生活垃圾、废水等生活废弃物。

6.3.2 土壤有机物污染的危害

这些土壤的有机污染物会对土壤的物理、化学性质造成影响，严重者更会影响作物生长，降低农作物的数量和质量，造成农业产品的退化；由于土壤是植物和一些生物的营养来源，所以土壤中的有机污染物会通过食物链发生传递和迁移，其富集系数在各营养级中都可达到惊人的程度，目前动物和人类自身都遭受有机污染物的污染和威胁，经研究表明，这些土壤污染物会对人体的神经系统造成影响，损坏肝脏，还会致癌，导致慢性中毒等；它们对环境的影响也是不容小觑的，有机污染物会导致生物链的复杂程度降低，生物多样性遭到破坏，还会导致生物致畸，严重者会导致生物灭绝。

6.3.3 土壤有机物污染治理与修复

1. 物理处理法

(1)挖掘填埋法。

挖掘填埋法是最为常见的物理治理方法，该方法是将受污染的土壤用人工挖掘的办法将其运走，送到指定地点填埋，以达到清除污染物的目的。然后再将未受污染的土壤填回，以便能重新对土地进行利用。这种方法虽然可以对一些特别有害的物质的清除是可行的，但是它不能从真正意义上达到清除污染物的目的，只是将污染物进行了一次转移，费用高昂，不建议采用。

(2)蒸汽浸提法。

蒸汽浸提法(SVE)是通过向污染土壤内引入清洁空气产生驱动力，利用土壤固液气三相之间的浓度梯度，降低土壤孔隙的蒸汽压，把土壤中的污染物转化为蒸汽形式而加以去除的技术。在美国，蒸汽浸提技术几乎已经成为修复受加油站污染的地下水和土壤的“标准”技术。土壤浸提技术主要用于挥发性有机卤代物和非卤代物的修复，通常应用的污染物是那些亨利系数大于 0.0 或蒸气压大于 66.7 Pa 的挥发性有机物，有时也应用于去除环境中的油类、重金属及其有机物、多环芳烃等污染物。该技术可以原位操作，比较简单，对周围不易产生干扰，容易与其他土壤修复技术结合使用，效果显著。蒸汽浸提法的修复效果主要受土壤异质性、渗透性等因素的影响。

(3)通风去污法。

通风去污法的原理在于当液态的有机污染物泄露后，它将在土地中横向、纵向迁移，最后存留在毛细管和地下水界面之上的土壤颗粒之间，由于有机烃类挥发性高，因此可在受污染地区打井引发空气流经污染土壤区，使污染物加速挥发而被清除。该技术一般采用的方法是在污染区打上几口井，其中几口井用于通风进气，其他井用于抽气，在抽气的真空系统上装上净化装置，就可以避免造成二次污染。

(4)热力学修复法。

热力学修复法主要处理的污染物有半挥发性的卤代有机物和非卤代有机物、多氯联苯以及密度较高的非水质的液体有机物。它分为高温原位加热技术和低温原位加热技术。其中，原位电磁波加热修复技术属于高温原位加热技术，它是利用高频电压产生的电磁波能量对现场受污染的土壤进行加热，利用热量强化土壤蒸气浸提技术，使污染物在土壤颗粒内解吸而达到修复污染土壤的目的。

2. 物化处理法

(1)化学焚烧法。

化学焚烧法也是最为常用的有机污染土壤的治理方法，该方法主要原理是利用有机物在高温下易分解的特性，将受污染土壤在高温下焚烧以达到去除污染的目的。该方法虽然能够达到完全去除污染有机物的目的，但在治理受污染土壤的同时，土壤的一些结构特性、物理化学性质也遭到了改变，使土壤无法再次利用。

(2)土壤淋洗法。

土壤淋洗法使用范围广，见效快，处理量大，是一种较好的应用性方法。该方法主要是用水或含有冲洗助剂的水溶液、酸碱溶液、络合剂或表面活性剂等淋洗剂淋洗被有机物污染的土壤或沉积物，是有机污染物从土壤中洗脱的过程，从而达到去除有机污染物的目的。淋洗的废水经处理后可以达标排放，同时处理后的土壤可以再次利用，是一种较为环保的处理方法。

(3)电热修复法。

电热修复法是利用高频电压产生电磁波，从而产生热能，对土壤进行加热，使有机污染物从土壤颗粒中分离出来，从而达到修复污染土壤的目的。该方法可以将一些污染物置于高温高压下形成玻璃态物质，从根本上消除这部分土壤污染物。

(4)电动力学修复法。

电动力学修复法是指通过电化学和电动力学的电渗、电泳、电迁移等作用，将有机污染物驱动富集到电极区，然后通过收集系统统一收集，并做进一步处理的方法。

3. 生物处理法

(1)原位生物修复。

原位生物修复主要方法有直接将外源污染物降解菌接种到受污染的土壤中，并提供这些细菌生长所需的营养物质，从而达到将污染物就地降解的投菌法；就地定期向土壤投加过氧化氢和相关营养物质，以便使土壤中微生物通过代谢将污染物完全矿化为二氧化碳和水的原位生物培养法等；还有一种强迫氧化的生物降解方法，在污染的土壤上打至少两口井，然后安装鼓风机和抽真空机，将空气强排入土壤，然后再抽出。土壤中有毒挥发物质也随之去除，在通入空气时另加入一定量的氨气，为微生物提供氮源增加其活性；以及对污染土壤进行耕耙处理，在处理过程中施入肥料，进行灌溉，用石灰调节酸度，以使微生物得到最适宜的降解条件的方法等。该类方法无须将污染物移除，节约时间，效率高，但不宜控制，污染物易扩散。其主要影响因素是氧气及氮气的传送以及土壤的渗透性。

(2)异位生物修复。

异位生物修复是指将被污染的土壤搬送到其他地方进行生物修复处理。它的主要方法是堆肥法，将土壤和一些易降解的有机物如粪肥、稻草、泥炭等混合堆制，同时加石灰调节酸度，经发酵处理，可以降解大部分污染物。马瑛等采用堆肥法处理石油烃类物质污染土壤取得了较好效果。此外还有预制床法，在不泄漏的平台上铺上石子和砂子，将受污染的土壤以 15～30 cm 的厚度平铺在平台上，加上营养液和水，也可添加适当的活性剂，定期翻动充氧，将处理过程中渗透的水回灌于土层上，以完全清除污染物。生物反应器法也是异位治理法的典型代表。该类方法的主要因素有水分含量、氧气含量、碳氮比、温度和 pH 等。该类方法成本低，不易污染扩散，但是工作量较大。

土壤有机污染物治理的生物处理方法的优点主要表现在以下几个方面：首先，处理使用成本低，其处理费用仅相当于物化方法的一半，处理效果较好，性价比高；其次，它与物化处理方法相比不易造成二次污染，对环境的影响很小，不会造成植物生长所需要的土壤环境的破坏，对土壤结构、土壤微生物、动物也不会构成威胁；最后处理操作方法简单，可以就地进行处理。正是因为这些优点，应用生物处理的方法降解有机污染物已成为如今土壤有机物污染治理技术研究的一大热点，虽然该类方法较难控制，存在着土壤与土壤生物难以分离的难题，但如果解决妥善，将是一种很有发展前景的处理方法。

4. 生态修复法

近年来，植物修复技术被认为是一种易接受、大范围应用的植物技术，也被视为是一种植物固碳技术和生物质能源生产技术。它不仅应用于土壤中有机污染物的去除，而且同时可以应用于人工湿地建设、填埋场表层覆盖与生态恢复、生物栖身地重建等方面。

植物修复方法是一种利用天然植物及其根际微生物的生长代谢作用去除、转化和固定土壤中的有机污染物，从而实现土壤净化目的的方法。它包括利用植物根系控制污染扩散和恢复生态功能的植物稳定修复、植物超积累或积累性功能的植物吸取修复、利用植物代谢功能的植物降解修复、利用植物转化功能的植物挥发修复、利用植物根系吸附的植物过滤修复等技术。植物修复的方法主要有 4 种，第一种是植物提取法，植物直接吸收有机污染物并在体内蓄积，植物收获后再进行相关处理。收获后可以进行热处理、微生物处理和化学处理等；第二种是植物降解法，植物本身及其相关微生物和各种酶系将有机污染物降解为小分子的水和二氧化碳，或转化为无毒性的中间产物；第三种是植物稳定法，植物在与土壤的共同作用下，将有机物固定并降低其生物活性，使其在根部的积累沉淀或根表吸收来加强土壤中相关物质的固化，以减少其对生物与环境的危害；最后一种是植物挥发法，植物挥发是与植物吸收相连的，它是利用植物的吸取、积累、挥发而减少土壤有机污染物。

有机物污染土壤的植物修复与其他修复技术相比,有着许多优点,如成本低、对环境影响小、能使地表长期稳定,清除土壤污染的同时可清除污染土壤周围的大气和水体中的污染物,这样有利于改善生态环境。但该处理方法对土壤条件要求较高,受环境因素限制较大,修复周期较长。虽然目前开展了一些有关利用苜蓿、黑麦草等植物修复多环芳烃、多氯联苯和石油烃的研究工作,但是有机污染土壤的植物修复技术的田间研究还很少,有待进一步的完善和成熟。

6.4　土壤农药污染

6.4.1　化学农药对土壤的污染

农药是指用于预防、消灭或者控制危害农业、林业的病、虫、草和其他有害生物以及有目的地调节植物、昆虫生长的化学合成物或者来源于生物、其他天然物质的物质及其制剂。迄今为止,世界各国所注册的 1 500 多种农药中,常用的有 300 多种,按农药化学结构可分为有机磷、氨基甲酸酯、拟除虫菊酯、有机氮化合物、有机硫化合物、醚类、杂环类和有机金属化合物等;按其主要用途可分为杀虫剂(如溴氰菊醋、甲胺磷)、杀蜗剂(如杀螨特)、杀鼠剂(如磷化锌)、杀软体动物剂、杀菌剂(如波尔多液)、杀线虫剂、除草剂(如除草醚)、植物生长调节剂(如助壮素)等;按农药来源可分为矿物源农药(无机化合物)、生物源农药(天然有机物、抗生素、微生物)及化学合成农药,而生物源农药又可细分为动物源农药、植物源农药和微生物源农药 3 类。喷洒农药如图 6.3 所示。

图 6.3　喷洒农药

土壤中农药的污染来自防治作物病虫害及除杂草用的杀虫剂、杀菌剂和除草剂,这些污染可能是直接施入土壤,也可能是因喷洒而淋溶到土壤中。由于农药的大量使用,致使有害物质在土壤中积累,引起植物生长的危害或者残留在作物中进入食物链而危害人的健康,进而形成农药对土壤的污染。

1. 影响农药残留的主要因素

土壤中农药的残留受农药的品种、土壤性状、作物品种、气象条件和时间的影响,还与农药的使用量及栽培技术有密切关系。当农药施入农田后会产生一系列的行为:①农药被土壤吸附后,其迁移能力和生理性随着发生变化,土壤对农药的吸附尽管在一定程度上起着净化和解毒作用,但这种作用较为有限且不稳定,其吸附能力不但受土壤质地的影响(砂土的吸附容量少,黏土及有机质土壤的吸附容量大,还受农药结构的影响,因而吸附对农药在土壤中的残留影响最大。②农药在土壤中迁移,其迁移方式有挥发和扩散。农药在土壤中的迁移还与土壤的性状有关,砂土的迁移能力大,黏土及有机质土壤迁移能力小,其迁移能力直接影响农药在土壤中的残留。③农药在土壤中的降解。降解是农药在环境中的各种物理、化学、生物等因素作用下逐渐分解,它一般分为化学降解和微生物降解。土壤中的降解主要是生物降解。

2. 化学农药在土壤中的残留积累毒害

农药一旦进入土壤生态系统,残留是不可避免的,尽管残留的时间有长有短,数量有大有小,但有残留并不等于有残毒,只有当土壤中的农药残留积累到一定程度,与土壤的自净效应产生脱节、失调,危及农业环境生物,包括农药的靶生物与非靶环境生物的安全,间接危害人畜健康,才称其具有残留积累毒害。一般说来,土壤化学农药的残留积累毒害主要表现在以下 2 方面。

(1)残留农药的转移产生的危害。

残留农药的转移主要与食物有关,主要有 3 条路线。第 1 条:土壤→陆生植物→食草动物;第 2 条:土壤→土壤中无脊椎动物→脊椎动物→食肉动物;第 3 条:土壤→水系(浮游生物)→鱼和水生生物→食鱼动物。一般来说,水溶性农药易构成对水生环境中自、异养型生物的污染危害。脂溶性或内吸传导型农药,易蓄积在当季作物体内甚至对后季作物的二次药害和再污染,引起陆生环境中自、异养型生物及食物链高位次生物的慢性危害。积累于动物体内的农药还会转移至蛋和奶中,由此造成各种禽兽产品的污染。人类以动植物的一定部位为食,由于动植物体受污染,必然引起食物的污染。可见,由于残留农药的转移及生物浓缩的作用,才使得农药污染问题变得更为严重。

(2)残留农药对靶生物的直接毒害。

农药残存在土壤中,对土壤中的微生物,原生动物以及其他的节肢动物、环节动物、软体动物的等均产生不同程度的影响。还有试验证明,农药污染对土壤动物的新陈代谢以及卵的数量和孵化能力均有影响。另外,土壤中残留农药对植物的生长发育也有显著的影响。农药进入植物体后,可能引起植物生理学变化,导致植物对寄主或捕食者的攻击更加敏感,如使用除草剂已经增加了玉米的病虫害。农药还可以抑制或者促进农作物或其他植物的生长，提早或推迟成熟期。

6.4.2　土壤污染防治与修复

1. 采取综合性防治措施

为既高效又经济地把农药对土壤的污染降低到最低范围，目前已有诸多综合性防治措施。

(1)选育良种，加强病虫害的预报、防治。

①选用优良品种。利用植物的抗虫性，选育丰产、抗虫并具备其他性状的良种是害虫防治的较为经济简单的方法。

②破坏害虫的生存条件。首先，利用植物密度影响田间温湿度、通风透光等小气候条件，影响作物的生育期，从而影响害虫的生活条件。适时排灌也是迅速改变害虫生活环境，抑制其生长有效措施。其次，进行土壤翻耕对某些害虫特别是生活在土面或土中的害虫迅速改变其生活环境，或将害虫埋入深土，或将土内害虫翻至地面，使其暴露在不良的气候条件下或受天敌侵害或直接杀死害虫。最后，通过对害虫生活习性的研究，做好预报、预测，以便及时防治，做到治早、治小。

(2)化学防治。

化学防治防治效果稳定、见效快。当害虫猖獗时必须用化学防治才能解决问题。

(3)安全合理地施用农药。

禁止使用剧毒高残留农药，禁止使用高残留的有机氯农药，由于其长效性不仅在人体内富集，甚至危及子孙后代。为确保农产品质量安全，近年来，农业部陆续公布了一批国家明令禁止使用或限制使用的农药。全面禁止使用的农药(23 种)：六六六(HCH)，滴滴涕(DDT)，毒杀芬，二溴氯丙烷，杀虫脒，二溴乙烷(EDB)，除草醚，艾氏剂，狄氏剂，汞制剂，砷、铅类，敌枯双，氟乙酰胺，甘氟，毒鼠强，氟乙酸钠，毒鼠硅，甲胺磷、对硫磷、甲基对硫磷、久效磷和磷胺。限制使用的农药(18 种)：禁止氧乐果在甘蓝上使用；禁止三氯杀螨醇和氰戊菊酯在茶树上使用；禁止丁酰肼(比久)在花生上使用；禁止特丁硫磷在甘蔗上使用；禁止甲拌磷，甲基异柳磷，特丁硫磷，甲基硫环磷，治螟磷，内吸磷，克百威，涕灭威，灭线磷，硫环磷，蝇毒磷，地虫硫磷，氯唑磷，苯线磷在蔬菜、果树、茶叶、中草药材上使用。

2. 土壤污染修复

(1)生物修复特点及分类。

污染土壤的生物修复(Bioremediation)是指在一定的条件下，利用生物的生命代谢活动减少环境中有毒有害物质的浓度或使其完全无害化，从而使受污染的土壤环境能部分或完全地恢复到原始状态。对土壤污染处理而言，传统的物理和化学修复技术的最大弊端是污染物去除不彻底，导致二次污染的发生，从而带来一定程度的环境健康风险。而生物修复有着物理修复、化学修复无可比拟的优越性：处理费用低，处理效果好，对环境的影响低，不会造成二次污染，操作简单，可以就地进行处理等。有机污染物的生物修复研究较为广泛深入,包括多氯联苯、多环芳烃、石油、表面活性剂、杀虫剂等。湿地生物修复技术是利用湿地植物根系改变根区的环境,湿地植物提供微生物附着和形成菌落场所,并促进微生物群落的发育,达到治理目的。

生物修复目前分为两类:原位生物修复(In－site bioremediation)和异位生物修复(Ex－site bioremediation)。原位生物修复就是在原地进行生物修复处理而对受污染的土壤或水体介质不做搬迁,其修复过程主要依赖于土著微生物或外源微生物的降解能力和合适的降解条件。异位生物修复是将被污染的介质(土壤或水体)搬动或输送到他处进行的生物修复处理,一般受污染土壤较浅,且易于挖掘,或污染场地化学特性阻碍原位生物修复就采用异位生物修复

(2)微生物修复技术。

微生物对有机污染物的修复是利用土壤中的某些微生物对有机污染物进行吸附、吸收、氧化和还原,从而降低土壤中有机物的浓度。

20世纪90年代我国也已经开始这方面的研究工作。微生物对有机污染土壤的修复是以其对污染物的降解和转化为基础的,主要包括好氧和厌氧两个过程。完全的好氧过程可使土壤中的有机污染物通过微生物的降解和转化而成为CO_2和H_2O,厌氧过程的主要产物为有机酸与其他产物(CH_4或H_2)。然而,有机污染物的降解是一个涉及许多酶和微生物种类的分步过程,一些污染物不可能被彻底降解,只是转化成毒性和移动性较弱或更强的中间产物,这与污染土壤生物修复应将污染物降解为对人类和环境无害的产物的最终目标相违背,在研究中应特别注意对这一过程进行生态风险与安全评价。

①原位生物修复。

原位生物修复主要集中在亚表层土壤的生态条件优化,尤其是通过调节加入无机营养或可能限制其反应速率的氧气(或诸如过氧化氢等电子受体)的供给,以促进土著微生物或外加的特异微生物对污染物质进行最大程度的生物降解。当挖取污染土壤不可能时或泥浆生物反应器的费用太昂贵时,宜采用原位生物修复方法,如土耕法、投菌法、生物培养法、生物通气法等。土耕法要求现场土质必须有足够的渗透性,以及存在大量具有降解能力的微生物。该法操作简单、费用低、环境影响小、效果显著,缺点是污染物可能从土壤迁移,且处理时间较长。土壤原位修改工程图如图6.4所示。

生物培养法是要定期地向污染环境中投加H_2O和营养,以满足污染环境中已经存在的降解菌的需要。研究表明,通过提高受污染土壤中土著微生物的活力比采用外源微生物的方法更有效。对生物通气法,大部分低沸点、易挥发的有机物可直接随空气抽出,而那些高沸点的重组分在微生物的作用下被彻底矿化为二氧化碳和水。其显著优点是应用范围广,操作费用低;缺点是操作时间长。

②异位生物修复。

异位生物修复是指将被污染土壤搬运和输送到他处进行生物修复处理,主要有土地耕作法、堆肥法、厌氧处理法、生物反应器法。土地耕作法费用极低,应用范围较广,但在

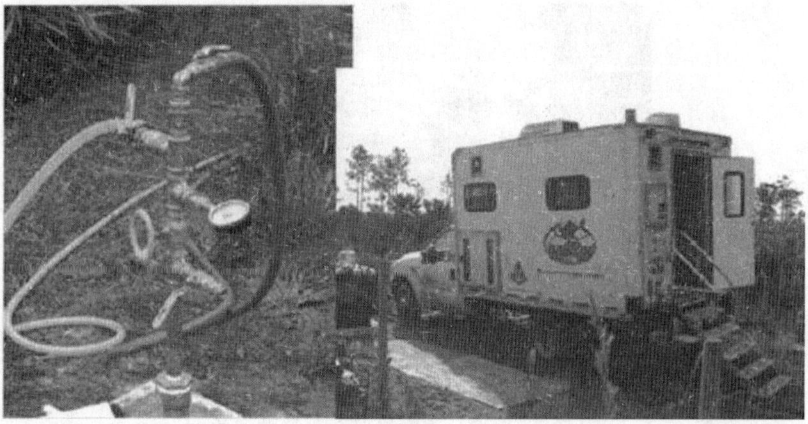

图 6.4　土壤原位修改工程图

土地资源紧张的地区此法受到限制，也容易导致挥发性有机物进入大气中，造成空气污染，且难降解的物质会积累其中，增加土壤毒性。堆肥法对去除含高浓度不稳定固体的有机复合物是最有效的，处理时间较短。对三硝基甲苯、多氯联苯等好氧处理不理想的污染物可用厌氧处理，效果较好。由于厌氧条件难以控制，且易产生中间代谢污染物等，其应用比好氧处理少。由于生物反应器内微生物降解的条件容易满足与控制，因此其处理速度与效果优于其他处理方法，但大多数的生物反应器结构复杂，成本较高。目前，用于有机污染土壤生物修复的微生物主要有土著微生物、外来微生物和基因工程菌 3 大类，已应用于地下储油罐污染地、原油污染海湾、石油泄漏污染地及其废弃物堆置场、含氯溶剂、苯、菲等多种有机污染土壤的生物修复。但是，微生物修复有时并不能去除土壤中的全部污染物，只有与物理和化学处理方法组成统一的处理技术体系时，才能真正达到对污染土壤的完全修复。污染土壤的微生物修复过程是一项涉及污染物特性、微生物生态结构和环境条件的复杂系统工程。目前虽然对利用基因工程菌构建高效降解污染物的微生物菌株取得了巨大成功，但人们对基因工程菌应用于环境的潜在风险性仍存在着种种担心，美国、日本、欧洲等大多数国家和地区对基因工程菌的实际应用有着严格的立法控制。在对微生物修复影响因子充分研究的基础上，寻求提高微生物修复效能的其他途径显得非常迫切。土壤异位生物修复的运输过程如图 6.5 所示。

(3)植物修复技术。

重金属污染土壤的植物修复利用植物对某种污染物具有特殊的吸收富集能力，将环境中的污染物转移到植物体内或将污染物降解利用，对植物进行回收处理，达到去除污染与修复生态的目的。根据其作用过程和机理，土壤的植物修复示意图如图 6.6 所示。

有机物污染土壤的植物修复机理：有机污染物被植物吸收后，可通过木质化作用使其在新的组织中储藏，也可使污染物矿化或代谢为 H_2O 和 CO_2，还可通过植物挥发或转化成无毒性作用的中间代谢产物。植物释放的各种分泌物或酶类，促进了有机污染物的生物降解。植物根系可向土壤环境释放大量分泌物(糖类、醇类和酸类)，其数量约占植物年

图 6.5　土壤异位生物修复的运输过程

图 6.6　土壤的植物修复示意图

光合作用的 10%～20%。同时，植物根系的腐解作用也向土壤中补充有机碳，这些作用均可加速根区中有机污染物的降解速度。植物还可向根区输送氧，使根区的好氧作用得以顺利进行。植物释放到环境中的酶类，如脱卤酶、过氧化物酶、漆酶及脱氢酶等，可降解 TNT、三氯乙烯、PAHs 和 PCB 等细菌难以降解的有机污染物。由于植物根系活动的参与，根际微生态系统的物理、化学与生物学性质明显不同于非根际土壤环境。根际中微生物数量明显高于非根际土壤，根际可加速许多农药、三氯乙烯和石油烃的降解。微生物对多环芳烃的降解常有两种方式：一是作为微生物生长过程中的唯一碳源和能源被降解；二是微生物把多环芳烃与其他有机质共代谢(共氧化)。一般情况下，微生物对多环芳烃的降解都要有 O_2 参与，产生加氧酶，使苯环分解。真菌主要产生单加氧酶，使多环芳烃羟基化，把一个氧原子加到苯环上形成环氧化物，接着水解生成反式二醇和酚类。细菌常产生双加氧酶，把两个氧原子加到苯环上形成过氧化物，然后生成顺式二醇，接着脱氢产生酚类。多环芳烃环的断开主要依靠加氧酶的作用，把氧原子加到 C—C 键上形成 C—O 键，再经加氢、脱水等作用使 C－C 键断开，达到开环的目的。对低相对分子质量多环芳烃（萘、菲、蒽），在环境中能被一些微生物作为唯一碳源很快降解为 CO_2 和 H_2O。目前已分离到的有假单胞菌属、黄杆菌属、诺卡菌属、弧菌属和解环菌属等。由于环境中能降解高分子多环芳烃（4 环以上）的菌类很少，难以被直接降解，常依靠共代谢作用。共代谢作用可提高微生物降解多环芳烃的效率，改变微生物碳源于能源的底物结构，扩大微生物对碳源的选择范围，从而达到降解的目的。

复习思考题

1. 土壤重金属污染的危害有哪些？
2. 土壤重金属污染的来源有哪些？如何减少重金属污染的来源？
3. 土壤重金属污染控制的措施有哪些？各有什么特点？
4. 土壤农药残留主要影响因素有哪些？
5. 土壤农药残留积累所产生的毒害有哪些？
6. 土壤农药残留综合性防治措施有哪些？
7. 土壤有机物污染修复方法有哪些？各自的特点有哪些？

第7章　生态修复工程技术

7.1　环境生态工程

7.1.1　生态工程和环境生态工程

我国生态学家马世骏提出了较为完整的生态工程(Ecological engineering)概念，生态工程就是应用生态系统中物种共生与物质循环再生的原理，根据结构域功能协调原则，结合系统工程的最优化方法，设计的促进分层多级利用物质的生产工艺系统。生态工程的目标是在促进自然界良性循环的前提下，充分发挥资源的生产潜力，防治环境污染，达到经济效益与生态效应同步发展的目的。生态工程的思路是利用自然生态系统无废弃物和物质循环再生等特点来解决环境污染问题。它利用太阳能作为基本能源，并保持或增加生态系统内部的物种多样性，是一类低能耗、多效益、可持续的工程体系。

环境生态学(Environmental ecology)是研究在人为干扰下生态系统内在的变化机制、规律等，寻求受损生态系统恢复、重建和保护对策的科学。即运用生态学理论，阐明人与环境间的相互作用及解决环境问题的生态途径。环境生态工程是在生态学研究的指导下，为使受损生态系统恢复，进行重建和保护的生态工程。运用生态控制原理去促进资源的综合利用、环境的综合整治及人类社会的综合发展是环境生态工程的核心。

7.1.2　环境生态工程技术

1. 氧化塘

氧化塘(Oxidation pond)也称为稳定塘，是经过人工适当修整的土地，设围堤和防渗层的污水池塘，主要依靠自然生物净化功能使污水得到净化的一种污水生物处理技术。

传统的稳定塘处理系统大都为菌藻共生系统塘。其中的细菌将进入池塘的污染物氧化为二氧化碳、氮气和水等，二氧化碳供藻类作为碳源和能源；而藻类摄取二氧化碳、有机物、氮、磷等物质进行光合作用，使藻类增殖，并释放出氧气供细菌呼吸。藻类和细菌形成共存共生，协同净化污水。

(1)稳定塘污水净化原理。

在太阳能作为初始能源的推动下，通过稳定塘中多条食物链的物质迁移、转化和能量的逐级传递、转化，将进入池塘的污水中的污染物进行降解和转化，最后不仅去除了污染物，而且以水生植物和水产、水禽的形式作为资源回收，净化的污水也可作为再生水资源予以回收再用，使污水处理与利用结合起来，实现污水处理资源化。稳定塘运行原理图如图 7.1 所示。

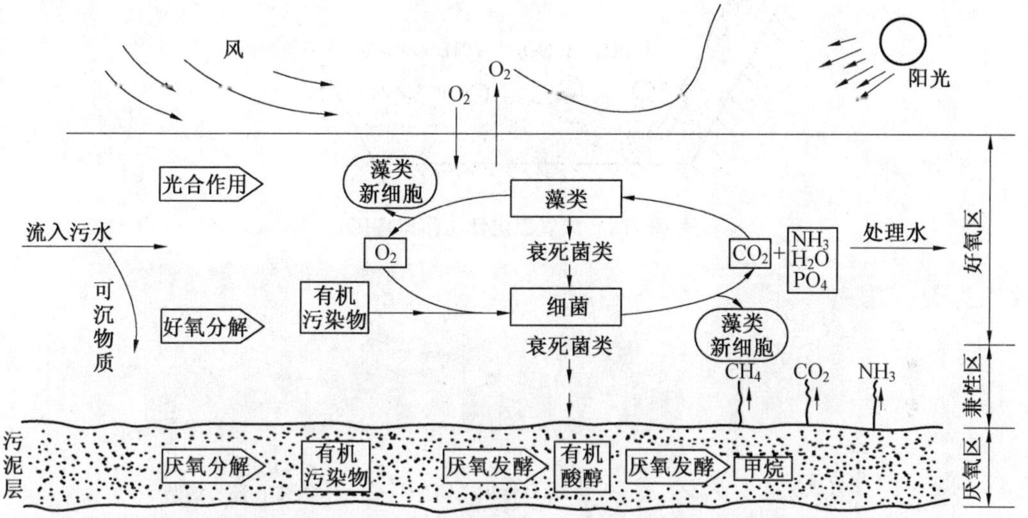

图 7.1　稳定塘运行原理图

稳定塘中生物作用包括好氧微生物的代谢作用、厌氧微生物的代谢作用、浮游生物的作用、大型动物的觅食作用和水生植物的作用；稳定塘还包括物理稀释作用、物理化学的沉淀和絮凝作用等。

(2)稳定塘的类型。

①厌氧稳定塘。

厌氧稳定塘的深度一般在 2.0 m 以上，有机负荷率高，稳定塘单元处于厌氧状态。其功能旨在充分用厌氧反应高效低耗的特点去除污染物，改善原污水的可生化降解性，保障后续塘的有效运行。厌氧稳定塘工作原理图如图 7.2 所示。

②兼性稳定塘。

兼性稳定塘简称兼性塘，池塘中水位较深，一般在 1.0～1.5 m 之间，溶解氧浓度从水面到池底呈递减分布。兼性稳定塘污水净化原理图如图 7.3 所示。

从池塘水面到一定深度(0.5 m 左右)，属于好氧区域，阳光充足，藻类光合作用旺盛，溶解氧比较充分；中间呈缺氧(兼性)状态，介于好氧和厌氧之间，属于兼性区域，存活大量的碱性微生物；池底为沉淀区，属于厌氧区域，进行厌氧发酵。因此，兼性稳定塘的污水净化主要是由好氧、兼性、厌氧微生物系统完成的。

③好氧稳定塘。

好氧稳定塘简称好氧塘，深度较浅，一般不超过 0.5 m，阳光能够透入池底，主要由藻类供氧，全部塘水都呈好氧状态，由好氧微生物起降解污染物与净化污水的作用。好氧稳

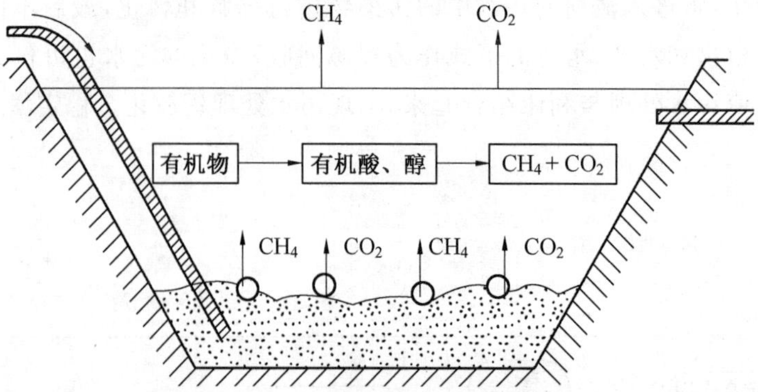

图 7.2 厌氧稳定塘工作原理图

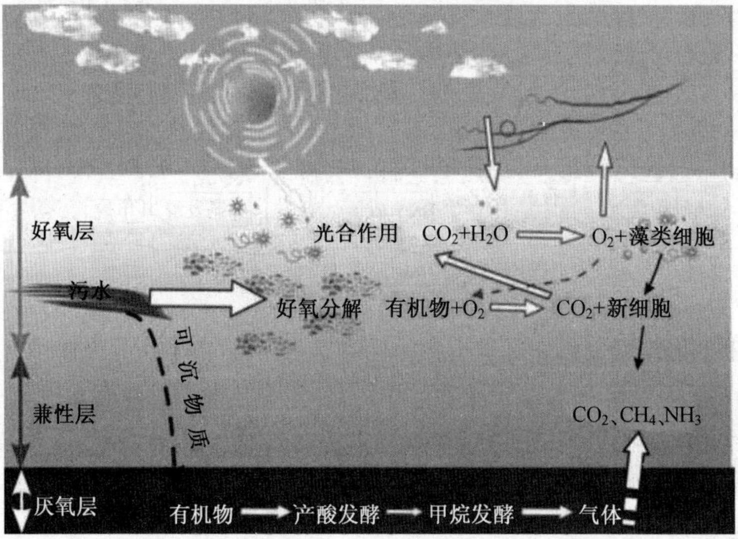

图 7.3 兼性稳定塘污水净化原理图

定塘污水净化原理图如图 7.4 所示。

④曝气稳定塘。

曝气稳定塘简称曝气塘,池深在 2.0 m 以上,曝气塘内设有曝气充氧设备的好氧塘和兼性塘,其污染物的容积负荷比普通兼性塘或好氧塘大得多。曝气稳定塘污水净化原理图如图 7.5 所示。

⑤生物塘。

生物塘是具有菌藻共生系统、人工种植水生植物或养殖水生动物(水产)的塘,在生物塘中菌类、藻类、水生植物、水生动物形成许多条食物链,并由此构建食物网,使污水中的污染物被生物塘中的生物摄取,在食物链中逐级传递、迁移和转化,最终得到去除,同时实现资源化。

⑥水生植物塘。

种植水生维管束植物和高等水生植物的塘称为水生植物塘。塘中的水生植物的作用

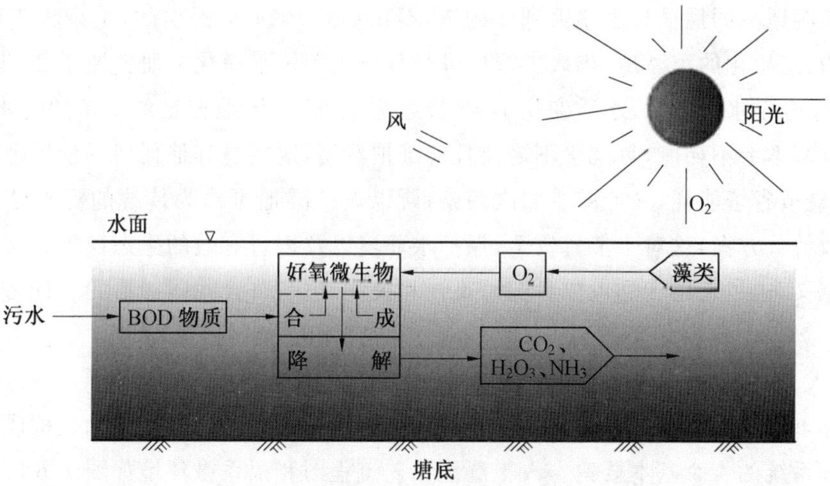

图 7.4　好氧稳定塘污水净化原理图

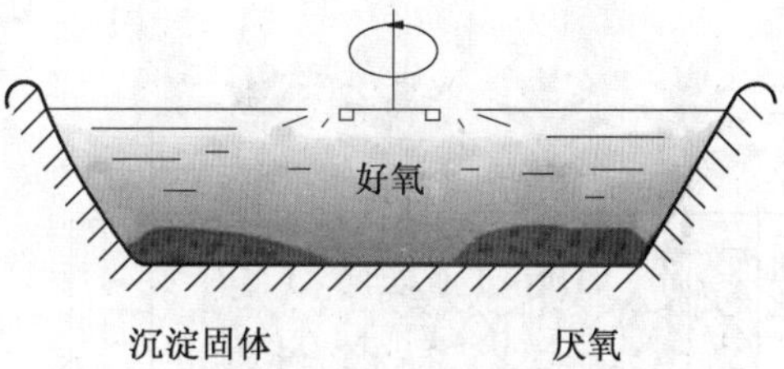

图 7.5　曝气稳定塘污水净化原理图

包括光合作用吸收氮磷营养物质用于自身的合成和增殖；富集重金属离子以及吸附、拦截悬浮物的作用。

⑦养鱼塘。

养鱼塘是利用养殖鱼类来摄食水中藻类和各种水生植物达到水体净化，实现资源回收，获得经济效益的池塘。在用于污水处理和利用的稳定塘系统中，适宜放养的鱼类有杂食类鱼类（鲤鱼、鲫鱼），它们捕食水中的食物残屑和浮游动物，鲢鱼、鳙鱼等滤食性鱼类以及草食类鱼类如草鱼和鳊鱼等。它们能够控制藻类和水草的过度增殖。

当然，污水进入稳定塘之前必须设置预处理系统，其主要作用是通过物理的方法分离、去除对后续稳定塘单元有害和产生影响的大块污染物、砂粒等无机鼓励颗粒，减少这些无机物质在稳定塘内的淤积，减轻稳定塘单元的处理负荷，延长其使用寿命，保证稳定塘单元的正常运行和处理效果。

2. 人工湿地处理系统

人工湿地系统（Constructed wetlands system）作为一种兼有水体修复、园林绿化和景观效果的水处理设施，具有较高的应用价值。国家在“十一五”规划中将受污染水体的生态修复作为环境研究的重点，为人工湿地的研究、开发和利用提供了广阔的空间。湿地被称为整个世界水循环中的“肾”，因为它们能将流经的水质量改善。

人工湿地一词最早是由澳大利亚的 Mackney 于 1904 年提出的，是指人工建造和监督控制的、工程化的沼泽地；用人工湿地进行真正用于污水净化的研究始于 20 世纪 70 年代末，它适合于水量不大、水质变化不大、管理水平不高、用地充足的城镇的污水处理，它的特点是基本上不耗能，且几乎不需要日常维护费用，这些是其他任何一种处理方法无法比拟的，既节省了能耗，又能减少二次污染；所以人工湿地可作为传统的污水处理技术的一种有效替代方案，这对于节省资金、保护水环境以及进行有效的生态恢复具有十分重要的现实意义，也越来越受到世界各国的重视和关注，也是符合我国国情的一种污水处理工艺。

(1)人工湿地的结构组成和类型。

水体，基质(煤渣、砂子等)，水生湿地植物(如芦苇、菖蒲等)和微生物是构成人工湿地污水处理系统的 4 个基本要素。人工湿地工艺流程图和根系微环境如图 7.6 所示。

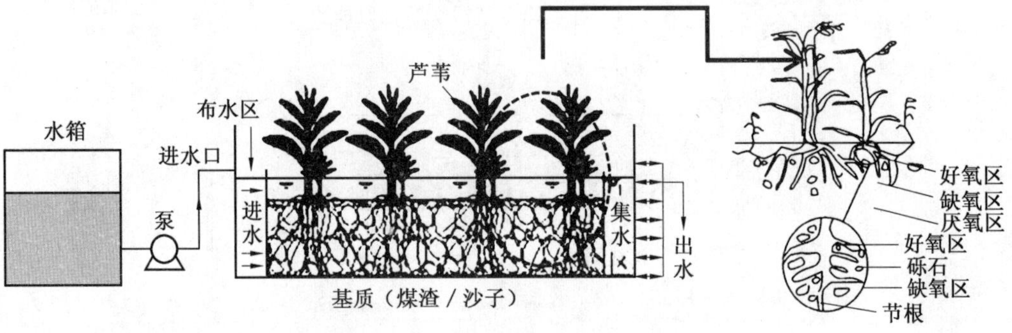

图 7.6　人工湿地工艺流程图和根系微环境

①水体。

水体是人工湿地的处理的对象，它在人工湿地系统中具有很重要的意义，目前人工湿地的处理污水的对象水体十分广泛，以后其所处理的对象水体将进一步拓宽。

②基质。

我国主要用于人工湿地的基质有：石块、砾石、砂粒、细砂、砂土和土壤。这些基质既可为微生物的生长提供稳定的依附表面，也可为水生植物提供支持载体和生长所需的营养物质，当这些营养物质通过污水流经人工湿地时，基质通过一些物理和化学途径(如吸附、吸收、过滤、络合反应和离子交换等)来净化污水中的各种有机污染物。

③水生湿地植物。

水生湿地植物对污染物的降解和去除有重要作用(图 7.7)。夏季，植物吸收一些水分满足自身需要，通过根系把从叶子上得到的氧气传送给微生物种群。冬季，虽然植物茎叶停止生长，但根系仍继续生长；潜流水平人工湿地时发现有植物的人工湿地的硝化能力明显高于无植物的人工湿地，有植物的人工湿地的氨氮氧化效果好，反应速率也很大。因为人工湿地系统有两种供氧方式：水生植物根系的泌氧作用和空气中的氧气直接向水体中扩散作用。

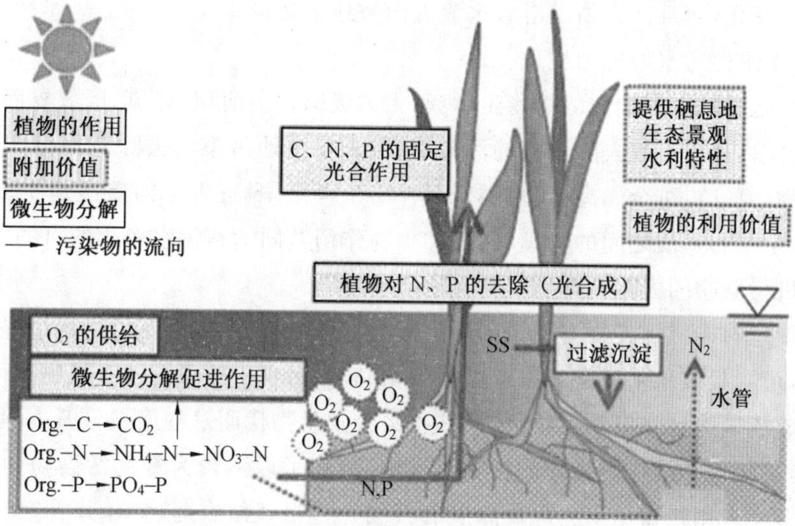

图7.7　水生湿地植物的作用

水生人工湿地植物的选择在人工湿地设计中具有很重要的作用，一般来讲，选择人工湿地水生植物的原则有：

第一，耐水耐污抗寒能力强，适宜本土生长；

第二，根系发达，茎叶茂盛；

第三，抗病虫能力强；

第四，有一定经济价值。现在多选择高等水生维管植物，在热带砾石床中，红花美人蕉、水葱和富贵竹等难以适应环境，芦苇通用性较好，但是栽种后需调整期较长；再力花具有良好脱氮效果，获对弱小植物和微生物有偏害作用，所以获的除污能力较差；总之，有关资料显示，植物对污染物的去除作用主要包括以下几个过程（表7.1）。

表7.1　植物对污染物去除的类型和去除原理

去除类型	去除原理
植物萃取	利用超积累植物吸收重金属或有机污染物并富集于植物可收获的部分
植物降解	利用植物或植物与微生物共同作用降解有机污染物
植物挥发	利用植物使某些重金属（如 Hg^{2+}）化成气态（Hg^0）而挥发出来
根际过滤	利用植物根系吸收和吸收水中或废水中的污染物
植物固定	利用植物将污染物转化成无毒或毒性较低的形态（生物无效态）

④微生物。

微生物是对污染物进行吸附和降解的主要生物群体和承担者，其中最主要的是细菌和真菌；微生物在湿地基质中与其他动物和植物共生体的相互关系往往起着核心作用。人工湿地中的细菌数量最多（10^6～10^8个/g），放线菌（10^4～10^5个/g）和真菌（10^3～10^4个/g），氨氧化细菌（10^6～10^7个/g）和亚硝化菌（10^2～10^4个/g）。有无植物的人工湿地的微生物总数没有大的变化，而且微生物是沿着水流方向数量依次减少。

(2)人工湿地污水处理的机理。

人工湿地法具有非常大的植物生物膜，大的吸附比表面积、好氧、厌氧界面，以及丰富的微生物群落，可以有效去除水中的污染物质；人工湿地污染物去除范围很广，主要包括有机污染物、氮、磷、重金属离子、藻类、pH、SS和病原体等；人工构造湿地主要利用湿地中植物、微生物和基质之间的物理、化学和生物作用共同达到污水净化的目的。

①有机污染物的去除机理。

人工湿地对有机污染物有较强的降解能力，污水中的不溶性有机物通过湿地的沉淀、过滤作用，可以很快地被截留下来或被微生物利用；污水中的可溶性有机物则可被植物根系直接吸收或通过植物根系生物膜的吸附、吸收及生物代谢过程而被分解去除。

总之，利用植物有机污染物的去除范围较广，除了以上较为常见污染物的去除，国内外还有许多学者用植物用来去除难降解有机物。包括残留农药，多环芳香烃(PAHs)等，其主要是利用水生植物具有大面积的富脂性表皮，吸收亲脂性的有机农药是可行的。

②氮的去除机理。

植物对氮的吸收很小，大约是总氮的 8%～16%；硝化/反硝化作用是人工湿地脱氮的主要途径，根据德国学者 R. Kickuth 的根区法理论，由于生长在湿地中的挺水植物对氧的输送、释放、扩散作用，将空气中的氧转运到根部，再经过植物根部的扩散，在植物根须周围环境中依次出现好氧区、兼氧区和厌氧区；植物输送氧至根区，在根茎部附近产生好氧环境，氨氮通过硝化反应被氧化成硝酸盐，再在离根茎部较远的厌氧区或兼氧区通过反硝化反应将硝酸盐还原成气态氮，并从水中逸出；他还认为不同类型的湿地其脱氮的机理有所侧重，沸石对氨氮的吸附是沸石潜流湿地脱氮的一个重要途径；自由表面流人工湿地在夏季会因藻类的生长使得湿地内的 pH 升高，会有一部分氨氮通过挥发从湿地中去除；植物本身对氮的吸收也是湿地中氮去除的一条重要途径；北京莫愁湖种植莲藕，生产莲藕是每年 25×10^4 kg，其中就从水中带出了 60 t 的 N 和 1 t 的 P。

③磷的去除机理。

人工湿地对磷的去除作用包括基质的吸收和过滤、植物吸收、微生物去除及物理化学作用，但是人工湿地中人工土基质对城市污水中总磷的去除率为 30%～50%。人工湿地对磷的去除作用主要有：物理作用、化学吸附与沉淀作用和微生物同化作用以及植物摄取作用，它们对化粪池出水中的总磷去除率分别为 22.8%、50%～65%和 1%～3%，由此可见，人工湿地磷的去除效果主要由基质的化学吸附和沉淀作用所决定。

④重金属离子和病菌的去除机理。

湿地系统对重金属有较好的去除效果，这也是人工湿地的一个重要特征。植物的吸收和生物富集作用、土壤胶体颗粒的吸附(离子交换)、硫离子形成硫化物沉淀是金属离子去除的主要方式。湿地植物对一些金属有很强的富集能力，相应的富集量也很大，是去除污水中重金属的主要途径之一。

宽叶香蒲、芦苇、茳芏和狗牙根 4 种植物都具有较强的吸收和富集重金属的能力，且主要富集在植物的地下部分，茳芏富集重金属能力最强，宽叶香蒲相对较弱。重金属在植物体内不同器官中分布且各重金属元素在被测的 4 种植物体内的分布呈现一致性的规律性，即根＞凋落物＞地下茎＞地上茎＞叶，重金属主要富集在植物根部和地下茎部。人工湿地的沉积物和植物中，金属浓度比天然湿地中的高，且对于大多数金属来说，Mn、Zn、Cu、Ni、B 和 Cr 等元素可以被湿地植物所积累。因而通过人工湿地系统植物吸收去除污水中的重金属污染物。

出水中细菌及寄生虫卵的含量是一项很重要的卫生学指标，人工湿地对细菌具有相当有效的去除效果。当污水通过基质层时，寄生虫卵的沉降和被截留，细菌和病原体在湿地中去除是因为它们对环境的不适应而死亡，其中主要是紫外线照射和温度等原因造成的；植物根系和某些细菌的某些分泌物对病毒也有灭活作用。但是也有研究表明：当病菌在水体中常和悬浮固体颗粒结合在一起，由液相转向固相，其在水中的存活期更长些，使病毒和细菌的灭活率不高。因此，在人工湿地污水处理过程中不能忽视这个问题。

⑤藻类去除机理。

水源中藻类过多而引起管道堵塞及饮用水质量下降，而且藻毒素是一种对人类健康和安全构成严重的威胁；人工湿地生态系统对去除水体中的藻类效果均很显著，即使是在冬季温度低、水草长势欠佳、冲击负荷加大或进水中藻类细胞密度增大等情况下，其除藻率仍能维持在 80％左右的水平。利用水葱对高盐再生水的净化效果研究中发现，水葱因为吸收水体中的氮、磷营养盐并在生长过程中因叶子产生遮掩作用，有利于抑制浮游植物（主要是藻类）的异常增殖和控制水体富营养化的发展，因为藻类是一种严格的光能自养型生物，没有太阳光其生长会受到抑制。

⑥SS 去除机理。

人工湿地成熟以后，当污水进入湿地，经过基质层及密集的植物茎叶和根系，可以过滤、截留污水中的悬浮物；氧化塘－人工湿地塘床系统进水 SS 平均质量浓度为 1 100～1 400 mg/L，出水 SS 平均质量浓度为 78～97 mg/L，总去除率达到了 93％。

3. 生态浮床

水体中的氮、磷含量超标是引起水体富营养化的主要原因，目前控制和修复水体富营养化的植物生态技术主要有人工湿地、植物塘、生态浮床等工艺。生态浮床工艺因具有可操作性强、运行成本低、易维护、生态风险小、景观效果好等优点，作为一种新型富营养化水体修复技术，已得到广泛研究和应用。

(1)生态浮床工艺净化机理。

生态浮床（Ecological floating beds）工艺原理基于无土栽培技术，就是把植物种植于可以漂浮于水面的床体（如聚苯乙烯泡沫板、竹子等）之上，通过基质（如海绵、椰子纤维等）固定于床体上，让植物的根系伸入污染水体之中，通过植物根系的吸收、吸附及根系上的微生物的净化作用来去除水体中的氮、磷以及大的颗粒物。具体机理介绍如下：

①植物的生长需要氮、磷等元素。植物在生长时需要从水体中获得必需的氮、磷元素，这在一定程度上就净化了水体。此外，植物的根系上还生长着大量的细菌，有硝化菌、反硝化细菌等，这些细菌的活动也能去除氮、磷元素。

②植物的光合作用会释放氧气。植物光合光用释放的氧气能很好地提高水体中的氧含量，改善水体。同时还能在植物根系附近形成好氧－厌氧－缺氧的环境，有助于硝化细菌的硝化、反硝化进程。

③有些植物在生长过程中还能释放一些抑制剂，抑制其周围其他藻类的生长繁殖，这有助于防止水华现象的发生。

(2)生态浮床的种类。

生态浮床(图 7.8(a))按种类可以分为干式浮床和湿式浮床，植物和水体接触的为湿式浮床，不接触的为干式浮床。而湿式浮床又可以分为有框和无框两类。有框架的湿式浮床，其框架一般可以用纤维强化塑料不锈钢加发泡聚苯乙烯、特殊发泡聚苯乙烯加特殊合成树脂、盐化乙烯合成树脂、混凝土等材料制作。据统计，目前在净化水体方面运用的大都是有框式浮床。

干式浮床的植物因为与水有距离，可以栽种大型的木本、园林植物，通过不同的木本组合，可以构成鸟类的栖息地，同时也形成了一道靓丽的水上风景。但是因为生态浮床的净化主体植物与水不接触，因此这种浮床对水体没有净化作用，一般作为景观布置或是防风屏障使用。

湿式浮床植物与水接触，植物根系吸收水体中各种营养成分，降低水体富有营养化程度，还可以利用植物的选择吸收性，利用植物吸收去除水体中的重金属物质。

而组合式生态浮床是在传统生态浮床的基础上，将人工填料加入生态浮床中，提高了生态浮床表面微生物的量而强化水质净化的效果(图 7.8(b))。

4. 污水土地处理系统

利用土壤植物系统的自我调控机制和对污染物综合净化功能处理城市污水及某些类型的工业废水，使水质得到根本的改善。完善的土地处理系统由预处理、水量调节与储存、配水与补水、土地处理田间工程、植物、排水及监测等 7 部分组成。土地处理技术系统(Wastewater land treatment system)可分为慢速渗滤、快速渗滤、地表漫流、湿地系统与地下渗滤等不同类型。

(1)土地处理系统对污水的净化机制。

①物理过滤。

土壤颗粒间的孔隙具有截留、滤除水中悬浮颗粒的功能，污水流经土壤时，悬浮物被截留，污水得到一定的净化。

②物理－化学吸附。

金属离子与土壤中的无机胶体和有机胶体颗粒，由于螯合作用而形成螯合化合物；有机物和无机物的复合化而生成复合物；重金属离子与土壤颗粒之间进行阳离子交换而被

(a) 传统的生态浮床

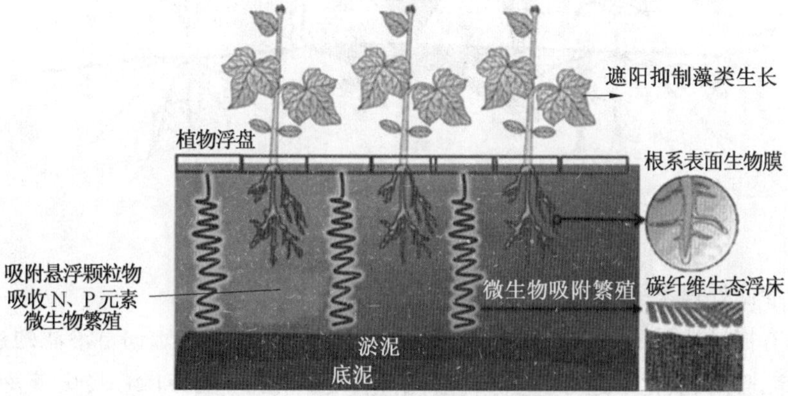

(b) 新型组合式生态浮床

图 7.8　传统的生态浮床和新型组合式生态浮床

置换吸附；某些有机物与土壤中重金属生成螯合物而固定在土壤矿物的晶格中。

③化学反应与化学沉淀。

重金属离子与土壤的某些组分进行化学反应生成难溶性化合物而沉淀；如果调整、改变土壤的氧化还原电位，能够生成难溶性硫化物；改变 pH，能够生成金属氢氧化物；某些化学反应还能够生成金属硫酸盐等物质，从而沉积于土壤中。

④微生物代谢作用下的污染物分解和转化。

在土壤中生存着种类繁多、数量巨大的土壤微生物，它们对土壤颗粒中的污染颗粒和溶解性污染物具有强大的降解和转化能力，这也是土壤具有强大的自净能力的原因。

⑤植物吸收及植物的根圈微生物降解。

植物生长过程需要吸收一定量的营养物质，植物长大，通过定期收割的方式去除少量的污染物。另外，植物根系周围有根际微生物和植物茎叶表面吸附的微生物都具有强大的生物降解作用。

(2)土地处理类型。

①慢速渗滤处理系统(图 7.9)。

将污水投配到种有植物的土地表面，污水缓慢地在土地表面流动并向土壤中渗滤，一部分污水直接被植物吸收，一部分则渗入土壤中，从而使污水得到净化的一种土地处理工艺。本工艺适用于渗水性能良好的砂质土壤和蒸发量小、气候湿润的地区。

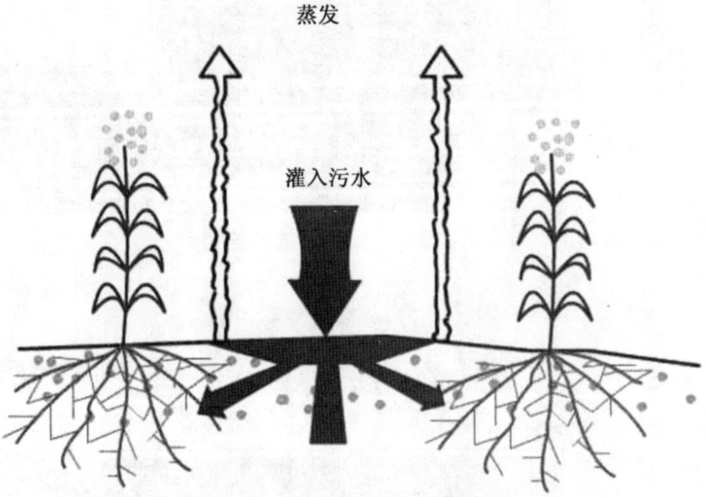

图 7.9　慢速渗滤处理系统示意图

②快速渗滤处理系统（图 7.10）。

将污水有控制地投配到具有良好渗滤性能的土地表面，在污水向下渗滤的过程中，经过过滤、沉淀、吸附、氧化－还原、生物氧化、硝化、反硝化等一系列物理、化学及生物的作用，污水得到净化处理。

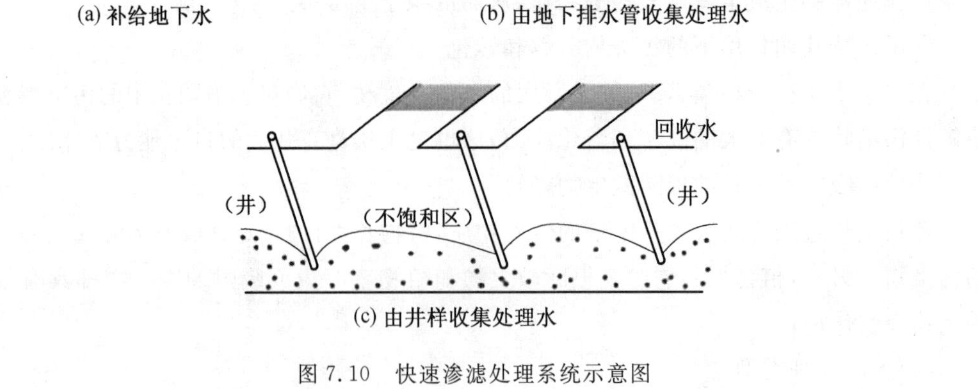

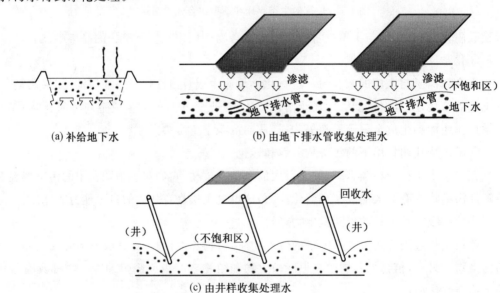

图 7.10　快速渗滤处理系统示意图

③地表漫流系统（图 7.11）。

地表漫流系统是将污水有控制地投配到种植多年生牧草、坡度和缓、土壤渗透性差的土地上，污水以薄层方式沿土地缓慢流动，在流动的过程中得到净化。净化出水大部分以地面径流汇聚、排放或利用。

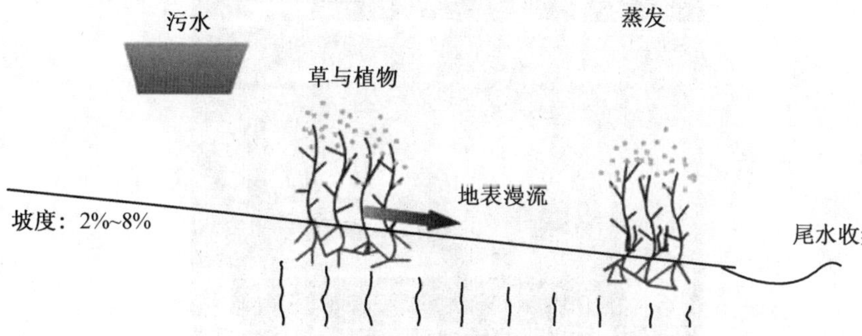

图 7.11　地表漫流系统示意图

这种工艺对地下水污染较轻。污水在地表漫流的过程中，只有少部分水量蒸发和渗入地下，大部分汇入建于低处的集水沟。本系统适用于渗透性较低的黏土、亚黏土，最佳坡度为 2%～8%。

7.2　污染环境防治和修复工程措施

水体生态修复技术原理就是利用培养的生物或培育、接种的微生物的生命活动，对水中的营养盐进行转移、转化及讲解，从而使水体得到恢复。这种技术是对自然界自我恢复能力、自净能力的一种强化，工程造价低、运行成本低、治污效果好，应用前景广阔。水体生态修复技术是受损水体生态修复的重要工程措施。地表漫流系统示意图如图 7.11 所示。

7.2.1　改变水动力要素，改善水体交换

污染源的控制是保护水环境的先决条件，从源头控制污水排入河网是解决水质污染问题的最根本措施。

目前，我国大型的湖泊治理工程都基本上采用这一措施，从一些湖泊的引水经验来看，从外流域引入对降低湖泊的富营养化水平有较好的效果，如引江济太工程、引水入滇工程等。

对于经过城市的河流，都或多或少地被城市污水污染。加强进入河流的污染源头进行截留控污，已经成为共识。

7.2.2　底泥生态疏浚

水体底泥中积累了大量的营养物质（氮、磷、腐殖质等），受到外动力作用条件下，这些污染物又会重新进入水体中，成为富营养化水体的主要污染源。底泥疏浚工程（Sediment dredging engineering)就是用装有搅吸式离心泵的船只从湖底抽出底泥，经过管道输送到岸上专门的堆积场所(图 7.12)。

图 7.12　底泥疏浚现场

底泥疏浚对扩大库容作用、消减氮磷等营养物质有一定的作用，但如果不切断外来污染源，依旧解决不了污染的问题。另外，水里面溶解的污染物、水体中的浮游藻类及微生物所吸收的营养物质等都需要治理。换句话说，底泥疏浚在一定程度上能够改善水环境，但水污染治理同样不可忽视。

7.2.3　沉水植被恢复

如果没有水生植物将大量的营养束缚在体内，湖泊的富营养化速度将是迅速的。从整体上看，以水生植物为主要初级生产者的湖泊水质较好，水生生物的多样性程度较高，因为大量的营养物质被积存在水草中，从营养上抑制了浮游藻类的生长，使水质清澈，这常常被称为水草的“净化功能”。

7.2.4　漂浮植物恢复

漂浮植物都有较强的过滤和吸收、吸附污染物的作用，同时还是水中生物栖息、繁殖的场所，能够提供各种水生动物的食物。水中植物的多样性，不仅发挥了很强的水质净化作用，而且还为水中生物的生长繁殖创造了必要条件，更为水边环境增添了自然风光。

7.2.5　生态护坡技术

生态护坡(Ecological slope protection)(图 7.13)是综合工程力学、土壤学、生态学和植物学等学科的基本知识对斜坡或边坡进行支护，形成由植物或工程和植物组成的综合护坡系统的护坡技术。开挖边坡形成以后，通过种植植物，利用植物与岩、土体的相互作用(根系锚固作用)对边坡表层进行防护、加固，使之既能满足对边坡表层稳定的要求，又能恢复被破坏的自然生态环境的护坡方式，是一种有效的护坡、固坡手段。

生态护坡的功能介绍如下。

图 7.13　生态护坡

(1)护坡功能:植被有深根锚固、浅根加筋的作用。

(2)防止水土流失:能降低坡体孔隙水压力、截留降雨、削弱溅蚀、控制土粒流失。

(3)改善环境功能:植被能恢复被破坏的生态环境,促进有机污染物的降解,净化空气,调节气候。

复习思考题

1.什么叫生态工程和环境生态工程?

2.稳定塘的种类有哪些?各自的工作原理是什么?各有什么优缺点?

3.人工湿地的种类有哪些?各自的工作原理是什么?各有什么优缺点?

4.土地处理的种类有哪些?各自的工作原理是什么?各有什么优缺点?

5.生态浮床的种类有哪些?各自的工作原理是什么?各有什么优缺点?

6.污染环境防治和修复工程措施有哪些?

第8章 环 境 法

环境法学(Environmental law)是法学和环境科学相结合的一门学科，具有明显的自然科学和社会科学交叉渗透的特点。现代环境法学最先兴起于西方工业发达国家，环境问题的严重化和强化国家环境管理、加强环境立法的迫切性，加速了环境法学的发展。20世纪70年代，在日本、美国、英国、法国等国家，环境法学已经建立，学术著作不断问世。在我国，作为一个独立的分支学科的孕育和初步发展，是在20世纪80年代初，至今不过30多年。因此，它在我国的法学体系中，是一门正在形成和发展中的年轻的分支学科。

环境法学以环境法这一新兴部门法为其主要研究对象，包括环境法的产生和发展，环境法的目的和任务，环境法的体系，环境法的性质和特点，环境法的原则和基本法律制度，环境法基本理论等。作为一门交叉学科，环境法学还应注意，研究相关学科之间的渗透和融合。它应以法学为本源和基础，运用法学的原理，吸收生态学、环境经济学、环境管理学的科学成果和环境科学的某些原理，深入研究环境法学的特点和基本理论，以加强国家的环境法制建设，充分发挥法律机制在国家环境管理中的作用。

1989年的《环境保护法》已被修订并实施。2015年1月1日起开始实施的《新环境保护法》，因其创新范围广、变革力度大、措施严厉而被称为“史上最严环保法”。其严厉性主要体现在监管措施系统、监管手段强硬、行政处罚严厉、监督全面有力等方面。

8.1 我国环境保护法律法规体系的构成

我国环境保护法律法规体系各部分构成如图8.1所示。

(1)宪法：宪法关于环境保护的条文，现行1982年宪法第26条第一款：“国家保护和改善生活环境，防治污染和其他公害。”体现了国家环境保护的总政策。

(2)环境保护基本法：1989年《中华人民共和国环境保护法》是我国环境保护的基本法。

(3)环境保护单行法：目前，我国环境保护单行法在环境保护法律法规体系中数量最多，占有重要的地位。主要有《中华人民共和国水污染防治法》《中华人民共和国大气污染防治法》等。

(4)环境保护行政法规：目前，国务院出台了一系列环境保护行政法规，几乎覆盖了所有环境保护行政管理领域，如《中华人民共和国水污染防治法实施细则》《建设项目环境保护管理条例》等。

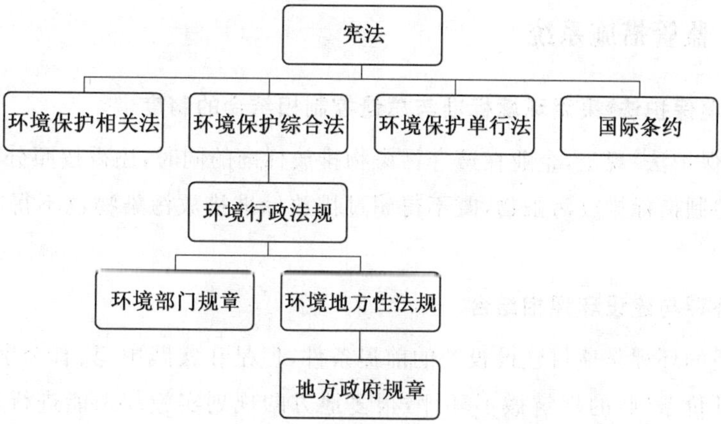

图 8.1　我国环境保护法律法规体系各部分构成

(5)环境保护部门规章：目前，在我国环境保护领域存在着大量的行政规章，如《环境保护行政处罚办法》《排放污染物申报登记办法》《环境标准管理办法》等。

(6)环境保护地方性法规及规章：是享有立法权的地方权力机关和地方政府机关依据《宪法》和相关法律，根据当地实际情况和特定环境问题制定的，在本地范围内实施，具有较强的可操作性。目前，我国各地都存在着大量的环境保护地方性法规及规章。

(7)环境标准：是具有法律性质的技术标准，是国家为了维护环境质量、实施污染控制而按照法定程序制定的各种技术规范的总称。我国的环境标准由 5 类 3 级组成。"5 类"指 5 种类型的环境标准：环境质量标准、污染物排放标准、环境基础标准、环境监测方法标准及环境标准样品标准。"3 级"指环境标准的 3 个级别：国家环境标准、国家环境保护总局标准及地方环境标准。国家级环境标准和国家环境保护总局级标准包括 5 类，由国务院环境保护行政主管部门即国家环境保护总局负责制定、审批、颁布和废止。地方级环境标准只包括 2 类：环境质量标准和污染物排放标准。凡颁布地方污染物排放标准的地区，执行地方污染物排放标准，地方标准未做出规定的，仍执行国家标准。

(8)环境保护国际公约：是指我国缔结和参加的环境保护国际公约、条约及议定书等。目前我国已缔结及参加了大量的环境保护国际公约，如《关于持久性有机污染物的斯德哥尔摩公约》等。

8.2　新环境保护法

2014 年 4 月 24 日，十二届全国人大常委会第八次会议审议通过了 1989 年《环境保护法》修订案。新的《环境保护法》变动很大，从条文结构上来看，由六章变为七章，由四十七条增至七十条；从实质内容上来看，针对现实问题在体制、制度、机制、标准等方面做了诸多创新；从效果上看，设立了极为严厉的环境管制措施和处罚措施。

8.2.1 监管措施系统

1. 新《环境保护法》采用环境标准与总量控制相结合的制度

新《环境保护法》规定,企业在遵守污染物排放标准的同时,还得按照分配地重点污染物排放总量控制指标排放污染物,既不得超过排放标准排放污染物也不得超过总量指标排放。

2. 区域环评与建设环评相结合

建设项目的环评是项目建设投产的前提条件,但是在实践中,只有个别地方按照《规划环境影响评价条例》的规定做了环评,很多地方的规划实施却未能进行环评。总的来看,区域规划及建设项目未做环评就开工的现象较为普遍。针对此种现象,新《环境保护法》第十九条第二款规定"未依法进行环境影响评价的开发利用规划,不得组织实施;未依法进行环境影响评价的建设项目,不得开工建设。"

3. 许可管理和环境信用相结合

新《环境保护法》规定了全面环境许可制度,主要实施范围包括大气、水、固体废物等污染防治领域,将许可作为环境保护管理工作的一项重要手段。此外,新《环境保护法》还规定了环境信用制度,将企业遵守各项环境保护制度的情况纳入信用管理,同时违规违法的企业将可能会被纳入"黑名单",从而影响其在银行、证券等系统的信用评价。因此,通过环境信用的有效管理,可以有力地促进企业守法、护法。

4. 点、面管理相结合

此次新《环境保护法》修订中,除了保留以往的点源管理的制度和机制以外,还新增生态补偿、生态大气治理和流域水污染防治等措施,从而有效应对当今复合型污染的复杂状况。

8.2.2 监管手段强硬

1. 改革环境质量标准的制定方法

按照 1989 年《环境保护法》的规定,对于国家已经制定环境质量标准的,地方不得另行制定。而此次《环境保护法》修订则改变了这一做法,在第十五条第二款中规定:"省、自治区、直辖市人民政府对国家环境质量标准中未做规定的项目,可以指定地方环境质量标准;对国家环境质量标准中已作规定的项目,可以制定严于国家环境质量标准的地方环境质量标准。地方环境质量标准应当报国务院环境保护主管部门备案。"这一改变有助于地方结合自身自然环境状况,先行改善地方环境质量。

2. 建立生态红线制度

即国家在重点生态功能区、生态环境敏感区和脆弱区建立生态红线保护制度,进行严格的生态环境保护。此制度有利于避免地区生态在地方政府的盲目开发中遭到严重破坏。

3. 授予执法部门查封、扣押权

新《环境保护法》规定："企业事业单位和其他生产经营者违反法律法规规定排放污染物，造成或者可能造成严重污染的，县级以上人民政府环境保护主管部门和其他负有环境保护监督管理职责的部门，可以查封、扣押造成污染物排放的设施、设备。"这一措施不仅有利于有效制约流动环境污染行为，还有利于及时制止固定污染源的污染排放行为。因而，严格执行必将效果显著。

4. 规定区域限批制度

新《环境保护法》第四十四条第二款规定："对超过国家重点污染物排放指标或未完成国家确定的环境质量目标的地区，省级以上人民政府环境保护主管部门应当暂停审批其新增重点污染物排放总量的建设项目环境影响评价文件。"这种将地方政府的环境管理工作和项目建设相结合的连带式行政强制措施，将有助于督促地方政府真正重视环境保护，同时也有助于加强每个点源的环境监督管理。

5. 认可越级举报制度

在现实之中，常发生群众举报环境违法行为却得不到地方政府受理或是被消极对待的情况。为此，此次新《环境保护法》第五十七条第二款规定"公民、法人和其他组织发现地方各级人民政府、县级以上人民政府环境保护主管部门和其他负有环境保护监督管理职责的部门不依法履行职责的，有权向其上级机关或者监察机关举报。"通过此项措施有利于督促地方政府和有关部门认真履行环境监管职责。

8.2.3　行政处罚严厉

1. 提高处罚标准

为改变当下"守法成本高、违法成本低"的弊病，新《环境保护法》第五十九条第二款对于处罚标准做出如下规定："前款规定的罚款处罚，依照有关法律法规按照防治污染设施的运行成本、违法行为造成的直接损失或者违法所得等因素确定的规定执行。"也就是说，污染物治理的成本越高，对环境造成的损害越大，违法所得越多，则相应的处罚标准也就越高。这真正体现了处罚与违法行为相适应的原则。

2. 建立按日计罚制度

即为督促企业改变连续违法的行为，新《环境保护法》第五十九条第一款规定："企业事业单位和其他生产经营者违法排放污染物，受到罚款处罚，被责令改正，拒不改正的，依法作出处罚决定的行政机关可以自责令改正之日的次日起，按照原处罚数额按日连续处罚。"此外，对于处罚的行为种类，新《环境保护法》还在上述第五十九条第三款中一并授权地方性法规可以根据环境保护的实际工作需要，增加按日连续处罚的违法行为种类。

3. **规定行政拘留的人身强制措施**

在现实生活之中，众多企业负责人或法人代表或其他生产经营管理人员并不害怕罚款，但却害怕行政拘留。为此，此次《环境保护法》修订对以下 4 种情况规定了行政拘留强制措施：其一，建设项目未依法进行环境影响评价，被责令停止建设，拒不执行的；其二，违反法律规定，未取得排污许可证排放污染物，被责令停止排污，拒不执行的；其三，通过暗管、渗井、渗坑、灌注或者篡改、伪造监测数据，或者不正常运行防治污染设施等逃避监管的方式违法排放污染物的；其四，生产、使用国家明令禁止生产、使用的农药，被责令改正，拒不改正的。可见，行政拘留一般针对的是拒不改正或比较严重的环境违法行为。

4. **确立环境连带责任**

即新《环境保护法》第六十五条规定："环境影响评价机构、环境监测机构以及从事环境监测设备和防治污染设施维护、运营的机构，在有关环境服务活动中弄虚作假，对造成的环境污染和生态破坏负有责任的，除依照有关法律法规规定予以处罚外，还应当与造成环境污染和生态破坏的其他责任者承担连带责任。"此项关于环境连带责任的规定不仅改变了以往环境中介机构或环境社会运营机构违法经营且不承担责任的现实状况，也有助于提高环境中介机构和环境社会运营机构的社会公信力。

8.2.4 监督全面有力

1. **规定行政考核机制**

新《环境保护法》第二十六条规定："国家实行环境保护目标责任制和考核评价制度。县级以上人民政府应当将环境保护目标完成情况纳入对本级人民政府负有环境保护监督管理职责的部门及其负责人和下级人民政府及其负责人的考核内容，作为对其考核评价的重要依据。考核结果应当向社会公开。"通过考核这一手段将环境保护监督管理的工作业绩和官员的政治前途相挂钩，有助于转变官员尤其是地方官员重视经济发展而忽视环境保护的观念。

2. **设立人大监督机制**

新《环境保护法》第二十七条规定："县级以上人民政府应当每年向本级人民代表大会或者人民代表大会常务委员会报告环境状况和环境保护目标完成情况，对发生的重大环境事件应当及时向本级人民代表大会常务委员会报告，依法接受监督。"人大监督机制的设立，将促使同级人民政府认真履责，加强环境保护工作。

3. **创新司法审查制度**

此次《环境保护法》修改的一个亮点就是授予社会组织以环境公益诉讼权。环境公益诉讼通过对那些污染企业提起公益诉讼，从而实现督促其遵守法律的目的，并有助于地方政府开展环境执法工作，及时纠正不法企业的环境违法行为。目前，全国有 300 余家有条件提起环境公益诉讼的社会组织，这一制度的确立，将大大增强社会力量在环境违法行为监督体系中的作用，对推动环境违法行为的公众监督有着极为重要的意义。

综上所述，此次《环境保护法》修订，无论其适用广度、创新力度，还是严厉程度，均为现有其他各专业领域行政法所难以企及的。因此，可以说新《环境保护法》是我国历史上最为严格的专业领域行政法。

8.3 《新环境保护法》的亮点

从通过稿的结构、内容来看，借鉴了国外环境法的最新发展趋势，平衡了各方面的利益，体现了中国环境问题的实际。总体来看，主要内容具有以下亮点。

8.3.1 立法理念有创新

此次《环境保护法》修订，不仅提出生态文明的理念，而且规定了相关的法律制度、机制和责任，以及保障生态文明理念的具体实施。此外，为建设生态文明，解决现实的环境问题，还必须在先进的立法理念指导之下，创新环境法的基本原则。此次修订在对传统的环境保护与经济社会发展相协调原则修正的基础之上，明确了经济社会发展与环境保护相协调的环境优先原则，体现了我国经济社会发展的新特点和新趋势，并表明了我国已经具备解决环境问题所需要的经济实力与技术能力，以及党和政府对解决环境问题的决心。与此同时，和前几稿相比，此次《环境保护法》通过稿还确立了一个新的基本原则，即损害者担责原则。这是四审稿的一个重大突破，以前的修改稿强调的仅仅是污染者担责而忽视了生态破坏者的责任，而此次修订则把环境污染和生态损害的责任加以合并，用损害者担责原则予以概括，更为准确、到位。

8.3.2 基础手段有加强

环境保护必须加强基础工作，此项基础工作既包括教育与科技，也包括经济投入与社会支持。此次《环境保护法》修订，特别注重教育手段的加强，如将 6 月 5 日确定为环境日，而众所周知 6 月 5 日也是世界环境日，这势必会使得我国公民的环境保护意识得到进一步提高。同时，环境问题也是一个科技问题，因此，此次《环境保护法》的修订亦十分注重通过以科学研究与技术创新为手段来解决环境问题，从而找到解决问题的抓手。如此法规定，加强环境与健康风险调查研究，加强环境风险评估等。

8.3.3 监管模式有转型

法律必须解决现实的问题，而当下的环境问题和 1989 年《环境保护法》制定时候的情况可谓大相径庭。和以前相比，现在的环境问题既是点上的问题，也是面上和线上的问题。1989 年《环境保护法》侧重于点源的控制与点源违法的法律责任追究。20 多年过去了，我国经济、社会粗放式的快速发展，使得点源污染之间以及点源污染与社会性排放之间相叠加，导致线上与面上的环境污染问题频发。最近几年越来越突出的流域水污染问题和区域雾霾污染就是最典型的写照，在现在的环境法律法规中难以找到有效解决流域水污染和区域雾霾防治的手段。因此，必须通过区域间的联动、协同、互助及责任分配予以妥善解决。在此次修订的《环境保护法》中，设置了专门条款来规范流域水污染和区域大气污染的防治问题，实现了由点源的控制向区域的协调和联动防治转型，体现了解决环境问题的针对性。另外，对畜禽养殖和屠宰场的设置可能引发的区域性面源污染，此法也做了考虑。值得注意的是，此次修订在环境监管中引入了“许可管理”和“信用管理”的模式。通过许可管理，对排污企业实施排污许可，尽可能合并对企业的审批和环境监管，减轻企业的负担；通过环境信用，那些造成环境污染、生态破坏的企业，将面临降低甚至丧失环境信誉的处罚，从而使其减少或者失去进一步发展的机会。在当下建设公民信用和企业信用的社会大背景下，这一手段有利于发挥公民和企业守法的自觉性，使强制守法变为自觉守法。

8.3.4　监管手段出硬招

环境问题现在之所以如此严重，环保部门和其他一些监管部门的监管不力是主要原因之一，而造成监管不力的主要原因则在于立法所授予的监管措施缺乏强制手段，且实效性不够。此次《环境保护法》修订，授予了环境保护和其他负有环境保护监督管理职责的部门对违法排污设备的查封、扣押权，这对及时解决环境污染和生态破坏的违法问题意义重大。另外，为了保证监管的实效性，在此次《环境保护法》修订中提出了一些协同监管的具体措施，譬如对于环境污染企业，供水部门可停止供水，土地管理部门可禁止向其提供土地，银行则不得给予其授信，进出口管理部门不得给予其出口配额，证券监管部门可限制其上市或已经上市的不得继续融资等。这一系列的措施将不仅有利于促进企业实行绿色生产、清洁生产，也有利于地区经济结构大调整，更有利于我国生态文明建设。此外，此次《环境保护法》修订在借鉴了《水污染防治法》立法经验的基础之上，对于只重经济增长而忽视环境保护的地方政府，规定了区域限批制度，即对环境污染严重的地区，可以暂停审批其环境影响报告书，限制其进一步发展，用限制发展的措施来倒逼地方政府解决区域性的环境问题，倒逼相关企业解决其企业内部的环境问题。另外，对于区域规划未进行环评而开始建设的，新法也做了措施规定。

8.3.5　监督参与显民主

首先，此次修订的《环境保护法》中专门设立了信息公开和公众参与一章，体现了环境保护的民主性。基于公众参与必须坚持科学参与的要求，此次《环境保护法》的通过稿还专门规定了信息公开的要求、程序及条件，并对公众参与环境保护的渠道、方式和程序做了原则性规定。由此可见，此次《环境保护法》修订积极响应了党的十八届三中全会关于国家治理应注重发挥社会治理作用的方针。其次，为了监督各级人民政府依法履责、保护环境，此次《环境保护法》的修订中除了规定环境保护地方政府负责制以外，还规定各级政府应向同级人大常委会报告环境保护工作和及时通报重大环境事件的制度，使政府的环境保护工作接受人大的监督，从而通过人大的监督有效地解决地方政府消极履职问题。再次，由于环境保护涉及千千万万社会公众的利益，为了解决违法企业和地方政府可能发生的不当作为甚至不作为问题，此次《环境保护法》的修订科学借鉴了国际通行的公民诉讼制度，建立起环境公益诉讼制度。和前几稿相比，通过稿放宽了环境公益诉讼主体的资格条件，即在设区的市级以上民政部门登记的环保社会组织，只要从事5年以上环境保护工作且无违法记录即信誉良好，即可以作为原告主体对违法的企业或地方政府提起环境民事或行政公益诉讼，发挥社会监督政府与企业的作用。而且，此次《环境保护法》通过稿还规定了环保社会组织不得以公益诉讼来谋取利益，以避免公益诉讼的混乱或垄断情形发生。上述规定，健全了环境保护的力量架构，政府、企业、社会达成新的角色平衡，从而形成了新的法律秩序。

8.3.6 法律责任求严厉

毋庸置疑，法律的强制性在于其严厉性。我国的环境污染形势之所以如此严峻，一个很重要的原因便是法律责任不严厉。此次《环境保护法》的修订，在以下几个方面加强了法律责任的严厉性，让《环境保护法》长出了能够制裁违法行为的"爪"与"牙"：其一，对4种情况规定了行政拘留措施。如未进行环境影响评价就擅自开工建设的污染项目，对其负责人予以行政拘留；对于偷排、暗排的企业，对其负责人及相关责任人予以行政拘留；对于隐报、瞒报或篡改排污数据的企业责任人予以行政拘留；对于造成重大环境污染事故尚不构成犯罪的相关人员亦可予以行政拘留。行政拘留措施的采用具有极大的威慑力，将对推卸责任的企业起到有效的威慑作用。其二，针对发生重大环境违法事件的地方政府分管领导及环境监管机关的主要负责人，设立了引咎辞职制度。即对于那些因监管缺位、越位、不到位，以及其他一些环境行政违法行为而造成重大影响，或者发生重大环境污染事故的地方政府或环境监管机关的相关领导，责令其引咎辞职，从而通过与其政治前途挂钩的做法促使其忠实地履行法律规定的职责。其三，对企业规定了按日计罚的措施，即对于那些责令其限期整改却屡教不改的企业，从责令之日起按日计算罚款，并且鼓励各地方按照地方实际设定罚款的数额，可见罚款上不封顶。这种严厉的制裁措施有利于遏制那些心存侥幸的企业的侥幸心理，并解决违法成本低而守法成本高的问题，做到原则性与灵活性的有效结合。

8.4 环境保护案例解析(自学)

案例1 腾格里沙漠污染公益诉讼案

最高人民法院对中国绿发会提起的8起腾格里沙漠污染公益诉讼案做出终审裁定。

从中国生物多样性保护与绿色发展基金会(以下简称中国绿发会)获悉,最高人民法院对中国绿发会提起的8起腾格里沙漠污染公益诉讼案做出终审裁定,撤销宁夏回族自治区高级人民法院和宁夏回族自治区中卫市中级人民法院的民事裁定,由中卫中院立案受理这8起公益诉讼案件,司法确认了中国绿发会提起公益诉讼的主体资格。中国绿发会副秘书长马勇表示,感谢最高人民法院环境资源审判庭,感谢他们对公益诉讼的支持。

环保组织诉污染腾格里沙漠企业难立案,申请再审获最高法立案。2015年12月4日,澎湃新闻从中国绿发会获悉,两天前,最高人民法院已就中国绿发会递交的民事再审申请书进行立案审查。中国审判流程信息公开网显示,案件由最高法环境资源审判庭的刘小飞法官担任审判长,与吴凯敏、叶阳组成合议庭进行审理。

腾格里沙漠环境污染事件受到习近平等中央领导的重要批示,国务院专门成立督察组,督促腾格里工业园区进行大规模整改,同时环保部也对违法企业整改情况挂牌督办。

但中国绿发会相关负责人介绍,2015年中国绿发会带领专家、志愿者3次到达腾格里沙漠排污现场,“没有看到修复地下水的方案正在施工的情况”。

2015年8月13日,中国绿发会向宁夏中卫市中级人民法院(以下简称中卫中院)递交诉状,对污染腾格里沙漠的8家企业提起环境公益诉讼,要求法院依法判令被告承担停止侵权、消除危险、恢复原状、赔偿损失、赔礼道歉等民事责任。

案例2 污染源监控弄虚作假典型违法系列案例

(1)环境保护部华南环境保护督查中心联合广东省环境保护厅于2015年8月11～12日、8月15日对东莞市长安镇生活污水处理厂(东莞市长安镇锦厦三洲水质净化有限公司)进行突击检查,发现该厂存在出水流量计和水质自动监测设施弄虚作假、私设暗管投放自来水稀释水样干扰人工采样监测等多种违法行为,一是经华南国家计量测试中心(广东省计量科学研究院)东莞分院多次排水实验测试,出水流量计实验误差超出最大允许误差,该厂流量计涉嫌造假、非法骗取污水处理费用。二是出水水质自动监测设施弄虚作假。经现场检查发现该厂出水口自动监测设施预处理器电磁阀被拆除,增加自来水管道。进水口3条进水管道设有手动控制阀门,可调节进水样稀释比例。三是检查组发现该厂在环保部门监督性监测取样口附近埋设了稀释管道,可通过加注自来水稀释取样口水样。四是自动设备运维商严重失职,设备运维商日常校准维护长期缺失,对仪器设施存在故障问题从未记录,日常管理存在重大疏漏。东莞市公安机关成立专案组对东莞三洲公司涉嫌出水流量计作假、骗取巨额污水处理费用等刑事犯罪行为进行了立案侦查,并于10月24日对1名犯罪嫌疑人采取了刑事拘留措施。东莞市已暂停支付该公司今年5～9月污水处理服务费共约2 079万元。东莞市环境保护局按照自动监控系统运营管理办法的规定,对第三方运营商德林聚光公司进行约谈,要求其加强管理,完善运营工作,并扣减德林聚光公司2015年第一至第三季度对东莞三洲公司的运营费合计共约4.88万元。

(2)福建省三明市明恒工业基布有限公司主营羊绒基布、静电植毛绒综合涂层基布。

2015年9月1日,执法人员在对该公司环保设施进行例行检查时,发现该公司自动监控设施显示的污染物排放浓度数值存在异常。现场检查发现,企业在污水总排污口监控设施取样位置私自接入水管,抽取河水稀释废水后监测。执法人员依法进行调查取证,并责令企业立即停止环境违法行为。经人工采样监测,企业排放的废水COD质量浓度为426 mg/L,超标4.3倍,加河水稀释后废水COD质量浓度为55 mg/L,现场COD自动监控设备显示COD质量浓度为37.8 mg/L。三明市明恒工业基布有限公司采用河水稀释排放污染物,人为干扰采样监测、造成监控数据严重失真,针对这一违法行为,三明市环保局依法立案查处,对企业干扰自动监控数据行为处罚3万元,并依法将案件移送公安部门,对2名相关责任人员做出行政拘留5日的处罚。

(3)黑龙江省富裕晨鸣纸业有限责任公司主营本色浆系列牛皮纸。环境保护部东北环境保护督查中心在现场检查中发现该企业存在两个主要问题:一是利用地下暗管,将污水处理站沉淀池产生的泥水混合物直接排入厂外冲灰水池,最终排入天然泡泽外。现场取样监测结果显示,COD超标13倍,氨氮超标2.75倍。齐齐哈尔市环保局对该企业罚款10万元,责令其立即拆除暗管并停产整治,并将案件移送市公安局,对该公司主管副总经理和污水处理站主任分别做出行政拘留10日、15日的处罚。二是运维公司对氮氧化物转换系数造假。该企业自动监控数据通过工控机传输至数采仪,工控机采集为NO数据,未直接采集自动监控分析单元中经转换的NO_2数据。第三方运维公司借口无法修改转换系数、通过改变量程上限设置转换数据,转换倍数为1.33(NO转换NO_2系数正常值为1.53),致使监控数据偏低15%左右。齐齐哈尔市环保局针对第三方运维公司黑龙江先锋环保工程有限公司不按技术规范操作,导致污染源自动监控数据明显失真的问题,责令其立即改正,并处罚款3万元。

(4)河南省环境监控中心管理人员在日常监控管理中发现,豫龙焦化有限责任公司1号炉、2号炉的二氧化硫自动监控数据浓度明显偏低,通过委托有资质的环境监测机进行现场比对监测后发现,该企业1号炉、2号炉二氧化硫人工监测数据和自动监控数据差距较大。经调查,该企业承认在标定仪器时人为将监控数据调低的事实。安阳市环保局会同安阳县环保局对企业进行了立案查处,并将案件移送当地公安机关。对该企业监控数据造假行为给予2万元罚款,对超标排污行为罚款3.3万元,追缴排污费304 747元,安阳县公安局对企业副总经理付某某作出行政拘留5日的处罚。

(5)河南省环境监控中心管理人员在调阅视频监控系统时发现,偃师市污水处理厂监控基站站房内有人员连续2次将不明液体倒入采样器,经排除此行为的合法性后,派人对该企业进行了现场检查,通过查阅自动监控数据和视频图片发现,该企业出口自动监控数据两次不正常突变,分别为:氨氮质量浓度从5.59 mg/L突变为3.89 mg/L,从7.83 mg/L突变为0.87 mg/L。经调查,该企业承认派人违规进入基站对采样器倾倒水样的事实。针对偃师市污水处理厂的违法行为,根据《中华人民共和国环境保护法》第六十三条及《污染源自动监控设施现场监督检查方法》,洛阳市环保局会同偃师市环保局对偃师市污水处理厂进行了立案查处，对监控数据造假行为给予6万元罚款，同时将案件移交公安机关，偃师市公安局对偃师市污水处理厂副厂长马某某做出行政拘留10日的处罚。

(6)根据群众举报，河南省开封兴化精细化工有限公司排放水质较差，河南省环境监控中心管理人员通过查阅其自动监控数据，横向相比同类型企业发现该企业监控数据明显异常，以此为线索对企业进行现场检查发现，该企业排污口水样与自动监控设施采集的水样明显不一致，自动监控设施内的水样色度较低，外排污水色度较高。经调查，该企业承认在监控设施采样点前加入清水对监测水样进行了稀释。针对开封兴化精细化工有限公司的违法行为，根据《中华人民共和国环境保护法》第六十三条及《中华人民共和国水污染防治法》的相关规定，开封市环保局对开封兴化精细化工有限公司进行了立案查处，对该企业通过暗管伪造、篡改自动监控数据的行为给予10万元罚款，同时将案件移交公安机关，开封市公安局机场分局对该公司总经理助理程某做出行政拘留5日的处罚。

(7)重庆市綦江西南水泥有限公司是中国建材集团的下属企业，主营生产、销售水泥熟料。该企业第三方运维单位对其废气自动监控设施维护保养时发现采样管线被破坏，私自加装了过滤、吸收装置，遂向重庆市环境监察总队进行报告。重庆市环境监察总队立即采取措施。经调查询问知，该公司当日因排放污染物浓度较高，担心数据超标受到行政处罚，对自动监控设施采样管线进行了破坏，加装了过滤、吸收装置。綦江区环保局现场向该公司下达了《责令改正决定书》(綦环违改字〔2015〕0000022号)，要求立即拆除过滤、吸收装置，恢复自动监测设施正常运行。随后，綦江区环保局进行了立案审批，綦江区政府组织区政府办、区环保局等部门约谈了该公司负责人。綦江区环保局下发了《行政处罚决定书》对其行政处罚十万元，公安机关下发《重庆市綦江区公安局公安行政处罚决定书》对环境违法行为实施人陈某做出行政拘留5日的处罚。

(8)甘肃中粮可口可乐饮料有限公司主营以配制、生产、经营、销售可口可乐系列饮料为主。2015年9月11日，兰州市环境监察局工作人员在日常检查中发现，该公司擅自更改COD自动监测设施，将自动监测仪器的采样管抽出，放入现场的一个三角瓶内采集固定水样。经现场监测，三角瓶内污水COD质量浓度为12.87 mg/L，现场采集该企业废水总排口水样测定COD质量浓度为217 mg/L，超过其污水排放标准。上述行为属于伪造监测数据，逃避监管违法排放污染物。违反了《中华人民共和国水污染防治法》第二十二条、二十三条的规定。兰州市环保局依法对该企业进行了行政处罚，并将该案件移送公安机关，对直接负责的主管人员张某做出行政拘留5日的处罚。

(案件来源环境保护部网站)

复习思考题

1. 我国环境保护法律体系包括哪些部分？

2. 我国新环境保护法监管措施系统有哪些？

3. 新环境保护法从哪几个方面体现了监管手段强硬？

4. 新环境保护法从哪几个方面体现了行政处罚严厉？

5. 新环境保护法的亮点有哪些？

参考文献

[1] 许卓，刘剑，朱光灿. 国外典型水环境综合整治案例分析与启示[J]. 环境科技，2008，21(2)：72-74.

[2] 颜京松，王美玲. 城市水环境问题的生态实质[J]. 现代城市研究，2005，4(8)：7-10.

[3] 方红卫. 城市水环境与水生态建设[J]. 太原科技，2004(3)：6-8.

[4] 黄伟来，李瑞霞，杨再福. 城市河流水污染综合治理研究[J]. 环境科学与技术，2006，29(10)：109-111.

[5] 董哲仁. 欧盟水框架指令的借鉴意义[J]. 水利水电快报，2009，30(9)：73-77.

[6] 王树功，陈新庚. 小东江流域管理的思考[J]. 环境与开发，2000，15(4)：50-51.

[7] 王研，王芳，岳春芳，等. 关于河流水质管理目标的商榷[J]. 水利水电技术，2003，34(4)：50-52.

[8] 环境保护部环境工程评估中心. 环境影响评价相关法律法规[M]. 北京：中国环境科学出版社，2009.

[9] 环境保护部环境工程评估中心. 环境影响评价技术导则与标准[M]. 北京：中国环境科学出版社，2009.

[10] 环境保护部环境工程评估中心. 环境影响评价技术方法[M]. 北京：中国环境科学出版社，2009.

[11] 郑正. 环境工程学[M]. 北京：科学出版社，2004.

[12] 高大文，梁红. 环境工程学[M]. 哈尔滨：东北林业大学出版社，2004.

[13] 张振家. 环境工程学基础[M]. 北京：化学工业出版社，2005.

[14] 朱蓓丽. 环境工程概论[M]. 北京：科学出版社，2006.

[15] 庄正宁. 环境工程基础[M]. 北京：中国电力出版社，2006.

[16] 张宝杰. 城市生态与环境保护[M]. 哈尔滨：哈尔滨工业大学出版社，2002.

[17] 杨小波. 城市生态学[M]. 2版. 北京：科学出版社，2006.

[18] 周富春，胡莺，祖波. 环境保护基础[M]. 北京：科学出版社，2008.

[19] 文博，魏双燕. 环境保护概论[M]. 北京：中国电力出版社，2007.

[20] 祖彬. 环境保护基础[M]. 哈尔滨：哈尔滨工程大学出版社，2007.

[21] 蒋展鹏. 环境工程学[M]. 2版. 北京：高等教育出版社，2005.

[22] 高廷耀，顾国维，周琪. 水污染控制工程[M]. 3版. 北京：高等教育出版社，2007.

[23] 唐玉斌，陈芳艳，张永峰. 水污染控制工程[M]. 哈尔滨：哈尔滨工业大学出版社，2006.

[24] 吕炳南，陈志强．污水生物处理新技术[M]．哈尔滨：哈尔滨工业大学出版社，2005．

[25] 周群英，王世芬．环境工程微生物学[M]．北京：高等教育出版社，2009．